住房和城乡建设部标准定额研究所　　建设工程造价技术资料

市政工程消耗量

ZYA 1−31−2021

第八册　路灯工程

SHIZHENG GONGCHENG XIAOHAOLIANG
DI-BA CE LUDENG GONGCHENG

中国计划出版社
北　京

图书在版编目(CIP)数据

市政工程消耗量 : ZYA1-31-2021. 第八册, 路灯工程 / 住房和城乡建设部标准定额研究所组织编制. -- 北京 : 中国计划出版社, 2022.2
ISBN 978-7-5182-1378-8

Ⅰ. ①市… Ⅱ. ①住… Ⅲ. ①市政工程－消耗定额－中国②路灯线路－市政工程－消耗定额－中国 Ⅳ. ①TU723.34②TU994

中国版本图书馆CIP数据核字(2021)第248507号

责任编辑:沈　建　　封面设计:韩可斌
责任校对:杨奇志　谭佳艺　　责任印制:赵文斌　李　晨

中国计划出版社出版发行
网址:www.jhpress.com
地址:北京市西城区木樨地北里甲11号国宏大厦C座3层
邮政编码:100038　电话:(010)63906433(发行部)
北京市科星印刷有限责任公司印刷

880mm×1230mm　1/16　8.75印张　257千字
2022年2月第1版　2022年2月第1次印刷

定价:60.00元

前　言

工程造价是工程建设管理的重要内容。以人工、材料、机械消耗量分析为基础进行工程计价，是确定和控制工程造价的重要手段之一，也是基于成本的通用计价方法。长期以来，我国建立了以施工阶段为重点，涵盖房屋建筑、市政工程、轨道交通工程等各个专业的计价体系，为确定和控制工程造价、提高我国工程建设的投资效益发挥了重要作用。

随着我国工程建设技术的发展，新的工程技术、工艺、材料和设备不断涌现和应用，落后的工艺、材料、设备和施工组织方式不断被淘汰，工程建设中的人材机消耗量也随之发生变化。2020 年我部办公厅发布《工程造价改革工作方案》（建办标〔2020〕38 号），要求加快转变政府职能，优化概算定额、估算指标编制发布和动态管理，取消最高投标限价按定额计价的规定，逐步停止发布预算定额。为做好改革期间的过渡衔接，在住房和城乡建设部标准定额司的指导下，我所根据工程造价改革的精神，协调 2015 年版《房屋建筑与装饰工程消耗量定额》《市政工程消耗量定额》《通用安装工程消耗量定额》的部分主编单位、参编单位以及全国有关造价管理机构和专家，按照简明适用、动态调整的原则，对上述专业的消耗量定额进行了修订，形成了新的《房屋建筑与装饰工程消耗量》《市政工程消耗量》《通用安装工程消耗量》，由我所以技术资料形式印刷出版，供社会参考使用。

本次经过修订的各专业消耗量，是完成一定计量单位的分部分项工程人工、材料和机械用量，是一段时间内工程建设生产效率社会平均水平的反映。因每个工程项目情况不同，其设计方案、施工队伍、实际的市场信息、招投标竞争程度等内外条件各不相同，工程造价应当在本地区、企业实际人材机消耗量和市场价格的基础上，结合竞争规则、竞争激烈程度等参考选用与合理调整，不应机械地套用。使用本书消耗量造成的任何造价偏差由当事人自行负责。

本次修订中，各主编单位、参编单位、编制人员和审查人员付出了大量心血，在此一并表示感谢。由于水平所限，本书难免有所疏漏，执行中遇到的问题和反馈意见请及时联系主编单位。

住房和城乡建设部标准定额研究所

2021 年 11 月

总　说　明

一、《市政工程消耗量》(以下简称本消耗量),共分十一册,包括:

第一册　土石方工程

第二册　道路工程

第三册　桥涵工程

第四册　隧道工程

第五册　市政管网工程

第六册　水处理工程

第七册　生活垃圾处理工程

第八册　路灯工程

第九册　钢筋工程

第十册　拆除工程

第十一册　措施项目

二、本消耗量适用于城镇范围内的新建、扩建和改建市政工程。

三、本消耗量以国家和有关部门发布的国家现行设计规范、施工验收规范、技术操作规程、质量评定标准、产品标准和安全操作规程,现行工程量清单计价规范、计算规范和有关指标为依据编制,并参考了有关地区和行业标准、指标,以及典型工程设计、施工和其他资料。

四、本消耗量按正常施工工期和施工条件,考虑企业常规的施工工艺,合理的施工组织设计进行编制。

1. 设备、材料、成品、半成品、构配件完整无损,符合质量标准和设计要求,附有合格证书和试验记录。

2. 正常的气候、地理条件和施工环境。

五、本消耗量未包括的项目,可按其他相应工程消耗量计算,如仍有缺项的,应编制补充消耗量。

六、关于人工:

1. 本消耗量中的人工以合计工日表示,并分别列出普工、一般技工和高级技工的工日用量。

2. 本消耗量中的人工包括基本用工、超运距用工、辅助用工和人工幅度差。

3. 本消耗量中的人工每工日按 8 小时工作制计算。

4. 机械土石方、桩基础、构件运输及安装等工程,人工随机械产量计算的,人工幅度差按机械幅度差计算。

七、关于材料:

1. 本消耗量中的材料(包括构配件、零件、半成品、成品)均为符合国家质量标准和相应设计要求的合格产品。

2. 本消耗量中的材料包括施工中消耗的主要材料、辅助材料、周转材料和其他材料。

3. 本消耗量中的材料用量包括净用量和损耗量。损耗量包括:从工地仓库、现场集中堆放地点(或现场加工地点)至操作(或安装)地点的施工场内运输损耗、施工操作损耗、施工现场堆放损耗等,规范(设计文件)规定的预留量、搭接量不在损耗率中考虑。

4. 本消耗量中的混凝土、沥青混凝土、砌筑砂浆、抹灰砂浆及各种胶泥等均按半成品用量以体积(m^3)表示,混凝土按运至施工现场的预拌混凝土编制,砂浆按预拌砂浆编制,消耗量中的混凝土均按自然养护考虑。

5. 本消耗量中所使用的混凝土均按预拌混凝土编制,若实际采用现场搅拌混凝土浇捣时,人工、材料、机械具体调整如下:

(1)合计工日增加 4.125 工日 /$10m^3$,其中普工增加 1.237 工日 /$10m^3$,一般技工增加 2.888 工日 /$10m^3$。

（2）水增加 0.38m^3/10m^3。

（3）双锥反转出料混凝土搅拌机（500L）增加 0.3 台班 /10m^3。

6. 本消耗量中所使用的砂浆均按干混预拌砂浆编制，若实际使用现拌砂浆或湿拌预拌砂浆时，按以下方法调整：

（1）使用现拌砂浆的，除将干混预拌砂浆调换为现拌砂浆外，砌筑项目按每立方米砂浆增加：一般技工 0.382 工日、200L 灰浆搅拌机 0.167 台班，同时，扣除原干混砂浆罐式搅拌机台班；其余项目按每立方米砂浆增加一般技工 0.382 工日，同时，将原干混砂浆罐式搅拌机调换为 200L 灰浆搅拌机，台班含量不变。

（2）使用湿拌预拌砂浆的，除将干混预拌砂浆调换为湿拌预拌砂浆外，另按相应项目中每立方米砂浆扣除人工 0.20 工日，并扣除干混砂浆罐式搅拌机台班数量。

7. 本消耗量中的周转性材料按不同施工方法，不同类别、材质，计算出一次摊销量进入消耗量。

8. 本消耗量中的用量少、低值易耗的零星材料，列为其他材料。

八、关于机械：

1. 本消耗量中的机械按常用机械、合理机械配备和施工企业的机械化装备程度，并结合工程实际综合确定。

2. 本消耗量的机械台班用量是按正常机械施工工效并考虑机械幅度差综合取定的。

3. 凡单位价值 2 000 元以内、使用年限在一年以内的不构成固定资产的施工机械，不列入机械台班消耗量，作为工具用具在建筑安装工程费中的企业管理费考虑，其消耗的燃料动力等列入材料。

九、本消耗量中的工作内容已说明了主要的施工工序，次要工序虽未说明，但已包括在内。

十、施工与生产同时进行、在有害身体健康的环境中施工时的降效增加费，本消耗量未考虑，发生时另行计算。

十一、本消耗量适用于海拔 2 000m 以下地区，超过上述情况时，可以采用由各地区、部门结合高原地区的特殊情况自行制定的调整办法。

十二、本消耗量中注有“× × 以内”或“× × 以下”及“小于”者，均包括 × × 本身；注有“× × 以外”或“× × 以上”及“大于”者，则不包括 × × 本身。

说明中未注明（或省略）尺寸单位的宽度、厚度、断面等，均以“mm”为单位。

十三、凡本说明未尽事宜，详见各册、各章说明和附录。

册 说 明

一、第八册《路灯工程》(以下简称本册),包括变配电设备工程、10kV 以下架空线路工程、电缆工程、配管配线工程、照明器具安装工程、防雷接地装置工程,共六章。

二、本册适用于新建、扩建的城镇道路、市政地下通道的照明工程,不适用于维修改造及庭院(园)内的照明工程。

三、本册编制依据:

1.《市政工程工程量清单计价规范》GB 50857—2013;

2.《市政工程消耗量定额》ZYA 1-31-2015;

3.《建筑电气工程施工质量验收规范》GB 50303—2015;

4.《电气装置安装工程电气设备交接试验标准》GB 50150—2016;

5.《电气装置安装工程电缆线路施工及验收规范》GB 50168—2018;

6.《电气装置安装工程 35kV 及以下架空电力线路施工及验收规范》GB 50173—2012;

7.《电气装置安装工程电力变压器、油浸电抗器、互感器施工及验收规范》GB 50148—2010;

8.《电气装置安装工程高压电器施工及验收规范》GB 50147—2010;

9.《电气装置安装工程母线装置施工及验收规范》GB 50149—2010;

10.《建筑物防雷工程施工与质量验收规范》GB 50601—2010。

四、本册与通用安装工程相关项目的界线划分,以路灯系统与城市供电系统相交为界,界限以内执行本册项目。

五、本册不包括线路参数的测定、运行和系统调试工作,如发生,执行《通用安装工程消耗量》TY 02-31-2021 第四册《电气设备安装工程》相应项目。

六、本册电压等级按 10kV 以下考虑。

七、本册除另有说明外,均不含土石方项目,如发生,执行第一册《土石方工程》相应项目。

八、路灯设施迁移、迁改的保护性拆除费用按相应新建项目子目人工费加机械费之和乘以系数 0.50。

九、本册说明未尽事宜,详见各章节说明。

目　　录

第五章 照明器具安装工程

第六章 防雷接地装置工程

第一章　变配电设备工程

说　　明

一、本章包括变压器安装，组合型成套箱式变电站安装，电力电容器安装，配电柜、箱安装，铁构件制作、安装及箱、盒制作，成套配电箱安装，熔断器、限位开关安装，控制器、启动器安装，盘、柜配线，接线端子安装，控制继电器保护屏安装，控制台安装，仪表、电器、小母线、分流器安装等项目。

二、变压器油按设备自带考虑，但施工中变压器油的过滤损耗及操作损耗已包括在有关项目中。

三、干式变压器安装执行《通用安装工程消耗量》TY 02-31-2021 第四册《电气设备安装工程》相应项目。

四、地埋变压器混凝土基础部分执行《房屋建筑与装饰工程消耗量》TY 01-31-2021 相应项目。

五、高压成套配电柜安装项目是综合考虑编制的，执行中不做调整。

六、配电及控制设备安装，均未包括支架制作和基础型钢制作、安装，也未包括设备元器件安装及端子板外部接线，应另按相应项目执行。

七、铁构件制作、安装适用于本消耗量范围内的各种支架制作、安装，但铁构件制作、安装均未包括无损探伤、除锈、防腐工程，如发生执行《通用安装工程消耗量》TY 02-31-2021 相应项目。轻型铁构件是指铁钩件主体结构厚度在 3mm 以内的铁构件。

八、各项设备安装均未包括接线端子及二次接线。

九、配电箱、控制箱按功能分别列项编制，如实际配电、控制在同一箱中，则执行配电箱项目。配电箱、控制箱按设备整体供货考虑，如现场配置控制元件，执行本章相应项目。

十、开关扩展模块、智能照明控制器在 9 路以上时，人工乘以系数 1.15。

十一、本章中如涉及信号传输配线，执行《通用安装工程消耗量》TY 02-31-2021 第五册《建筑智能化工程》相应项目。

工程量计算规则

一、变压器安装，按不同容量以“台”为单位计算。一般情况下不需要变压器干燥，如确实需要干燥，执行《通用安装工程消耗量》TY 02-31-2021 相应项目。

二、变压器油过滤，不论过滤多少次，直到过滤合格为止。以“t”为单位计算，变压器油的过滤量可按制造厂提供的油量计算。

三、高压成套配电柜和组合箱式变电站安装，以“台”为单位计算，均未包括基础槽钢、母线及引下线的安装。

四、各种配电箱、柜安装均按不同半周长以“套”为单位计算。

五、铁构件制作、安装按施工图示以“100kg”为单位计算。

六、盘、柜配线按不同截面、长度按下表计算：

盘、柜配线

序号	项　　目	预留长度（m）	说明
1	各种开关柜、箱、板	高＋宽	盘面尺寸
2	单独安装（无箱、盘）的铁壳开关、闸刀开关、启动器等	0.3	以安装对象中心计算

七、各种接线端子按不同导线截面积，以“10 个”为单位计算。

一、变压器安装

1. 杆上安装变压器

工作内容：支架、横担、撑铁安装，变压器吊装固定，接地，单体调试。　　**计量单位：**台

编号				8-1-1	8-1-2	8-1-3	8-1-4	8-1-5	8-1-6
项目				杆上安装					
				容量（kV·A 以下）					
				50	100	160	315	400	630
名称			单位	消耗量					
人工	合计工日		工日	7.557	8.297	9.221	11.512	13.803	16.094
	其中	普工	工日	1.890	2.074	2.305	2.878	3.451	4.024
		一般技工	工日	4.685	5.144	5.717	7.137	8.558	9.978
		高级技工	工日	0.982	1.079	1.199	1.497	1.794	2.092
材料	棉纱头		kg	0.100	0.100	0.100	0.100	0.100	0.100
	镀锌铁丝 ϕ2.5~4.0		kg	1.029	1.029	1.029	1.029	1.029	1.029
	调和漆		kg	0.500	0.600	0.800	1.000	1.200	1.400
	防锈漆		kg	0.200	0.300	0.500	0.600	0.700	0.800
	钢垫板 δ1~2		kg	3.926	3.926	3.926	3.926	3.926	3.926
	钢锯条		条	1.500	1.500	1.500	1.500	1.500	1.500
	汽油（综合）		kg	0.150	0.150	0.150	0.150	0.150	0.150
	电力复合脂		kg	0.100	0.100	0.100	0.100	0.100	0.100
	镀锌六角螺栓带螺母 M16×85		套	4.100	4.100	4.100	4.100	4.100	4.100
	镀锌圆钢		kg	4.080	4.080	4.080	4.080	4.080	4.080
	其他材料费		%	1.80	1.80	1.80	1.80	1.80	1.80
机械	汽车式起重机 8t		台班	0.281	0.327	0.327	0.374	0.374	0.467
	载重汽车 5t		台班	0.467	0.467	0.467	0.467	0.467	0.467
仪表	高压绝缘电阻测试仪		台班	0.330	0.330	0.330	0.330	0.330	0.330
	变压器直流电阻测试仪		台班	0.990	0.990	0.990	0.990	0.990	0.990
	变压器绕组变形测试仪		台班	0.330	0.330	0.330	0.330	0.330	0.330
	YDQ 充气式试验变压器		台班	0.330	0.330	0.330	0.330	0.330	0.330
	高压试验变压器配套操作箱、调压器		台班	0.660	0.660	0.660	0.660	0.660	0.660
	TPFRC 电容分压器交直流高压测量系统		台班	0.330	0.330	0.330	0.330	0.330	0.330
	智能型光导抗干扰介损测量仪		台班	0.330	0.330	0.330	0.330	0.330	0.330
	直流高压发生器		台班	0.330	0.330	0.330	0.330	0.330	0.330

注：支架、横担、撑铁材料费按实际发生计算。

2. 地上安装变压器

工作内容: 开箱检查,本体就位,器身检查,套管,油枕及散热器的清洗,油柱试验,风扇油泵电机解体检查,接地,附件安装,垫铁及止轮器制作、安装,补充注油及安装后的整体密封试验,单体调试。

计量单位: 台

编号				8-1-7
项目				台上安装
				500kV·A
名称			单位	消耗量
人工	合计工日		工日	7.911
	其中	普工	工日	1.978
		一般技工	工日	4.905
		高级技工	工日	1.028
材料	变压器油		kg	10.000
	棉纱头		kg	0.500
	铁砂布 0#~2#		张	0.500
	塑料布		m^2	1.500
	电焊条 L-60 ϕ3.2		kg	0.300
	镀锌铁丝 ϕ2.5~4.0		kg	1.029
	白布		m^2	0.450
	调和漆		kg	1.200
	防锈漆		kg	0.900
	钢垫板 δ1~2		kg	4.811
	汽油(综合)		kg	0.400
	电力复合脂		kg	0.050
	滤油纸 300×300		张	30.000
	白纱布带 19mm×20m		卷	1.500
	镀锌扁钢 40×4		kg	4.500
	酚醛磁漆		kg	0.200
	镀锌六角螺栓带螺母 M18×95		套	4.100
	青壳纸 δ0.1~1.0		kg	0.150
机械	汽车式起重机 8t		台班	0.566
	载重汽车 5t		台班	0.125
	真空滤油机 6 000L/h		台班	0.663
	交流弧焊机 21kV·A		台班	0.265
	电焊条烘干箱 55×45×55(cm^3)		台班	0.027
仪表	高压绝缘电阻测试仪		台班	0.330
	变压器直流电阻测试仪		台班	0.990
	变压器绕组变形测试仪		台班	0.330
	YDQ 充气式试验变压器		台班	0.330
	高压试验变压器配套操作箱、调压器		台班	0.660
	TPFRC 电容分压器交直流高压测量系统		台班	0.330
	智能型光导抗干扰介损测量仪		台班	0.330
	直流高压发生器		台班	0.330

3. 地埋变压器

工作内容：开箱，检查，安装固定，接地，单体调试。　　**计量单位：**台

编　号				8-1-8	8-1-9	8-1-10
项　目				不带高压开关柜（变压器容量 kV·A 以下）		
				100	315	630
名　称			单位	消　耗　量		
人工	合计工日		工日	8.408	9.989	12.039
	其中	普工	工日	2.102	2.497	3.010
		一般技工	工日	5.213	6.193	7.464
		高级技工	工日	1.093	1.299	1.565
材料	变压器油		kg	0.200	0.200	0.200
	棉纱头		kg	0.100	0.100	0.100
	铁砂布 $0^{\#}$~$2^{\#}$		张	1.500	2.000	2.000
	电焊条 L-60 ϕ3.2		kg	0.200	0.200	0.200
	白布		m^2	0.500	0.500	0.500
	调和漆		kg	0.500	0.500	0.500
	防锈漆		kg	0.500	0.500	0.500
	汽油（综合）		kg	0.500	0.500	0.500
	焊锡		kg	0.300	0.350	0.400
	焊锡膏		kg	0.060	0.070	0.080
	电力复合脂		kg	0.200	0.200	0.250
	钢锯条		条	1.000	1.000	1.000
	钢垫板 δ1~2		kg	7.698	10.104	13.472
	镀锌扁钢 60×6		kg	72.000	96.000	120.000
	镀锌六角螺栓带螺母 M16×200		套	6.100	6.100	6.100
机械	汽车式起重机 16t		台班	0.442	0.442	0.442
	交流弧焊机 21kV·A		台班	0.177	0.177	0.177
	电焊条烘干箱 55×45×55（cm^3）		台班	0.018	0.018	0.018
	载重汽车 5t		台班	0.448	0.448	0.448
仪表	高压绝缘电阻测试仪		台班	0.330	0.330	0.330
	变压器直流电阻测试仪		台班	0.990	0.990	0.990
	变压器绕组变形测试仪		台班	0.330	0.330	0.330
	YDQ 充气式试验变压器		台班	0.330	0.330	0.330
	高压试验变压器配套操作箱、调压器		台班	0.660	0.660	0.660
	TPFRC 电容分压器交直流高压测量系统		台班	0.330	0.330	0.330
	智能型光导抗干扰介损测量仪		台班	0.330	0.330	0.330
	直流高压发生器		台班	0.330	0.330	0.330

4. 变压器油过滤

工作内容：过滤前的准备以及过滤后的清理，油过滤，取油样，配合试验。 **计量单位**：t

编号				8-1-11
项目				变压器油过滤
名称			单位	消耗量
人工	合计工日		工日	1.800
	其中	普工	工日	0.450
		一般技工	工日	1.116
		高级技工	工日	0.234
材料	变压器油		kg	18.000
	棉纱头		kg	0.300
	电焊条 L-60 ϕ3.2		kg	0.745
	镀锌铁丝 ϕ2.5~4.0		kg	0.412
	钢板（综合）		kg	27.000
	滤油纸 300×300		张	72.000
	黑胶布 20mm×20m		卷	0.040
机械	汽车式起重机 8t		台班	0.053
	真空滤油机 6 000L/h		台班	1.062
	交流弧焊机 21kV·A		台班	0.149
	电焊条烘干箱 55×45×55（cm^3）		台班	0.015

二、组合型成套箱式变电站安装

工作内容: 开箱,检查,安装固定,接地,单体调试。　　　　**计量单位:** 台

编　号				8-1-12	8-1-13	8-1-14	8-1-15	8-1-16	8-1-17
项　目				不带高压开关柜(变压器容量 kV·A 以下)			带高压开关柜(变压器容量 kV·A 以下)		
				100	315	630	100	315	630
名　称			单位	消　耗　量					
人工	合计工日		工日	9.702	11.526	13.892	12.519	16.428	19.404
	其中	普工	工日	2.426	2.882	3.473	3.130	4.107	4.851
		一般技工	工日	6.015	7.146	8.613	7.762	10.185	12.030
		高级技工	工日	1.261	1.498	1.806	1.627	2.136	2.523
材料	变压器油		kg	0.200	0.200	0.200	0.600	0.800	1.000
	棉纱头		kg	0.100	0.100	0.100	0.150	0.150	0.150
	铁砂布 0#~2#		张	1.500	2.000	2.000	2.000	2.500	3.000
	电焊条 L-60 ϕ3.2		kg	0.200	0.200	0.200	0.250	0.250	0.250
	白布		m^2	0.500	0.500	0.500	0.800	0.800	0.800
	调和漆		kg	0.500	0.500	0.500	0.600	0.600	0.600
	防锈漆		kg	0.500	0.500	0.500	0.600	0.600	0.600
	汽油(综合)		kg	0.500	0.500	0.500	0.800	0.800	1.000
	焊锡		kg	0.300	0.350	0.400	0.350	0.400	0.450
	焊锡膏		kg	0.060	0.070	0.080	0.070	0.080	0.090
	电力复合脂		kg	0.200	0.200	0.250	0.200	0.200	0.300
	钢锯条		条	1.000	1.000	1.000	1.000	1.000	1.000
	钢垫板 δ1~2		kg	7.698	10.104	13.472	10.585	13.953	17.802
	镀锌扁钢 60×6		kg	72.000	96.000	120.000	144.000	168.000	190.000
	镀锌六角螺栓带螺母 M16×200		套	6.100	6.100	6.100	6.100	6.100	6.100
	其他材料费		%	1.80	1.80	1.80	1.80	1.80	1.80
机械	汽车式起重机 16t		台班	0.442	0.442	0.442	0.442	0.442	0.442
	交流弧焊机 21kV·A		台班	0.177	0.177	0.177	0.221	0.221	0.221
	电焊条烘干箱 55×45×55(cm^3)		台班	0.018	0.018	0.018	0.022	0.022	0.022
	载重汽车 5t		台班	0.448	0.448	0.448	0.448	0.448	0.448
仪表	交流耐压仪		台班	0.451	0.451	0.586	0.451	0.451	0.586
	全自动变比组别测试仪		台班	1.032	1.032	1.141	1.032	10.320	1.141
	直流高压发生器		台班	0.132	0.132	0.243	0.132	0.132	0.243
	变压器直流电阻测试仪		台班	0.681	0.681	0.772	0.681	0.681	0.772
	高压绝缘电阻测试仪		台班	0.263	0.263	0.342	0.263	0.263	0.342
	回路电阻测试仪		台班	0.263	0.263	0.342	0.263	0.263	0.342

三、电力电容器安装

工作内容：开箱检查，安装固定，配合试验，接地，单体调试。　　　　**计量单位：**个（台）

编号				8-1-18	8-1-19	8-1-20	8-1-21
项目				容量（kvar）			
				50 以内	100 以内	200 以内	200 以上
名称			单位	消耗量			
人工	合计工日		工日	0.702	1.002	1.362	1.605
	其中	普工	工日	0.176	0.251	0.341	0.401
		一般技工	工日	0.435	0.621	0.844	0.995
		高级技工	工日	0.091	0.130	0.177	0.209
材料	调和漆		kg	0.050	0.050	0.100	0.100
	防锈漆		kg	0.050	0.050	0.100	0.100
	汽油（综合）		kg	0.100	0.100	0.100	0.100
	焊锡		kg	0.010	0.020	0.030	0.040
	焊锡膏		kg	0.010	0.010	0.010	0.010
	电力复合脂		kg	0.010	0.010	0.020	0.020
	钢锯条		条	0.500	0.500	1.000	1.000
	镀锌裸铜绞线 $16mm^2$		kg	0.300	0.300	0.300	0.300
	其他材料费		%	1.80	1.80	1.80	1.80
机械	汽车式起重机 8t		台班	0.011	0.013	0.017	0.020
仪表	直流高压发生器		台班	0.021	0.025	0.031	0.038
	高压绝缘电阻测试仪		台班	0.021	0.025	0.031	0.038
	YDQ 充气式试验变压器		台班	0.021	0.025	0.031	0.038
	高压试验变压器配套操作箱、调压器		台班	0.021	0.025	0.031	0.038

四、配电柜、箱安装

1. 高压成套配电柜安装

工作内容：开箱检查，安装固定，放注油，导电接触面的检查调整，附件的拆装，接地，单体调试。

计量单位：台

编　号			8-1-22	8-1-23	8-1-24	8-1-25
项　目			单母线柜		双母线柜	
			断路器柜	互感器柜	断路器柜	互感器柜
名　称		单位	消　耗　量			
人工	合计工日	工日	11.360	5.436	13.778	6.695
	其中 普工	工日	2.840	1.359	3.445	1.674
	其中 一般技工	工日	7.043	3.370	8.542	4.151
	其中 高级技工	工日	1.477	0.707	1.791	0.870
材料	变压器油	kg	0.430	0.200	0.570	0.200
	棉纱头	kg	0.200	0.200	0.200	0.200
	铁砂布 0#~2#	张	0.500	0.500	1.000	1.000
	电焊条 L-60 ϕ3.2	kg	0.150	0.150	0.150	0.150
	白布	m^2	0.300	0.300	0.200	0.300
	调和漆	kg	0.100	0.100	0.100	0.100
	防锈漆	kg	0.100	0.100	0.100	0.100
	焊锡	kg	0.250	0.150	0.300	0.200
	焊锡膏	kg	0.050	0.030	0.060	0.040
	电力复合脂	kg	0.100	0.050	0.100	0.050
	汽油（综合）	kg	0.200	0.200	0.200	0.200
	钢锯条	条	0.500	0.500	1.000	1.000
	钢垫板 δ1~2	kg	0.481	0.481	0.481	0.481
	镀锌六角螺栓带螺母 M12×80	套	6.100	6.100	6.100	6.100
	其他材料费	%	1.80	1.80	1.80	1.80
机械	汽车式起重机 8t	台班	0.106	0.088	0.142	0.142
	交流弧焊机 21kV·A	台班	0.133	0.133	0.133	0.133
	电焊条烘干箱 55×45×55（cm^3）	台班	0.013	0.013	0.013	0.013
	载重汽车 4t	台班	0.081	0.054	0.090	0.090
仪表	高压绝缘电阻测试仪	台班	0.981	0.467	1.178	0.561
	变压器直流电阻测试仪	台班	—	0.561	—	0.673
	断路器动特性综合测试仪	台班	0.491	—	—	—
	交流耐压仪	台班	0.645	0.651	0.645	0.482
	真空断路器测试仪	台班	0.789	—	0.789	—
	互感器测试仪	台班	—	0.561	—	0.673
	全自动变比组别测试仪	台班	—	0.561	—	0.673

2.成套低压路灯控制柜安装

工作内容:开箱检查,柜体组装,导线挂锡压焊,负载平衡,接地排安装,单体调试。 **计量单位:**套

编号				8-1-26	8-1-27	8-1-28	8-1-29	8-1-30
项目				常规电气配电柜				
				计量柜	控制总柜	照明分柜	动力分柜	电容器分柜
名称			单位	消耗量				
人工	合计工日		工日	3.161	3.174	3.829	2.472	1.802
	其中	普工	工日	0.790	0.794	0.957	0.618	0.500
		一般技工	工日	1.960	1.968	2.374	1.533	1.250
		高级技工	工日	0.411	0.413	0.498	0.321	0.052
材料	接地铜排 5×30		m	0.820	0.820	0.820	0.820	0.820
	六角螺栓带螺母 M12×55		套	8.160	4.080	8.160	8.160	8.160
	六角螺栓带螺母 M16×60		套	4.080	4.080	4.080	4.080	4.080
	电缆头固定板(铁件)		kg	0.230	0.230	0.230	0.230	—
	铜卡子		个	1.060	1.030	1.030	1.030	—
	其他材料费		%	1.50	1.50	1.50	1.50	1.50
机械	载重汽车 4t		台班	0.134	0.134	0.134	0.134	0.134
	汽车式起重机 8t		台班	0.134	0.134	0.134	0.134	0.134

3. 落地式控制箱安装

工作内容：箱体安装，接地，平衡分路负载，销链加油润滑。　　　　**计量单位：**套

编号				8-1-31	8-1-32	8-1-33	8-1-34	8-1-35	8-1-36	8-1-37	8-1-38
项目				半周长 1m 以内				半周长 2m 以内			
				二路	三路	四路	六路	二路	三路	四路	六路
名称			单位	消耗量							
人工	合计工日		工日	2.138	2.245	2.359	2.472	3.548	3.728	3.916	4.109
	其中	普工	工日	0.535	0.561	0.590	0.618	0.887	0.932	0.979	1.027
		一般技工	工日	1.326	1.392	1.463	1.533	2.200	2.311	2.428	2.548
		高级技工	工日	0.278	0.292	0.307	0.321	0.461	0.485	0.509	0.534
材料	路灯控制箱		个	(1.000)	(1.000)	(1.000)	(1.000)	(1.000)	(1.000)	(1.000)	(1.000)
	电缆固定压板		kg	0.510	0.760	1.020	1.270	0.510	0.760	1.020	1.270
	六角螺栓带螺母 M12×120		套	4.000	4.000	4.000	4.000	8.000	8.000	8.000	8.000
	电焊条 L-60 ϕ3.2		kg	0.100	0.100	0.100	0.100	0.100	0.100	0.100	0.100
	凡士林		kg	0.020	0.020	0.040	0.040	0.020	0.020	0.040	0.040
	棉纱头		kg	0.020	0.020	0.020	0.020	0.020	0.020	0.020	0.020
	接地线 $25mm^2$		m	2.050	2.050	2.050	2.050	3.650	3.650	3.650	3.650
	其他材料费		%	1.50	1.50	1.50	1.50	1.50	1.50	1.50	1.50
机械	载重汽车 4t		台班	0.090	0.090	0.090	0.090	0.134	0.134	0.179	0.179
	交流弧焊机 21kV·A		台班	0.009	0.009	0.009	0.009	0.009	0.009	0.009	0.009
	电焊条烘干箱 55×45×55(cm^3)		台班	0.001	0.001	0.001	0.001	0.001	0.001	0.001	0.001
	汽车式起重机 8t		台班	—	—	—	—	0.134	0.134	0.179	0.179

4. 杆上配电设备安装

工作内容：支架、横担、撑铁安装，设备安装固定，检查，调整，油开关注油，配线，接地，单体调试。

编号				8-1-39	8-1-40	8-1-41	8-1-42	8-1-43
项目				跌落式熔断器	避雷器	隔离开关	油开关	配电箱
				组			台	
名称			单位	消耗量				
人工	合计工日		工日	0.822	0.895	1.724	1.797	2.105
	其中	普工	工日	0.206	0.224	0.431	0.449	0.526
		一般技工	工日	0.510	0.555	1.069	1.114	1.305
		高级技工	工日	0.107	0.116	0.224	0.234	0.274
材料	棉纱头		kg	0.100	0.100	0.100	0.100	0.100
	调和漆		kg	0.200	0.200	0.400	0.500	0.400
	防锈漆		kg	0.100	0.100	0.200	0.300	0.200
	钢锯条		条	1.000	1.000	1.000	1.000	1.000
	铁丝 $\phi2$		m	3.741	3.741	3.741	3.741	—
	电力复合脂		kg	0.050	0.050	0.050	0.050	—
	镀锌六角螺栓带螺母 M12×80		套	6.100	2.000	—	—	6.100
	镀锌六角螺栓带螺母 M16×85		套	3.100	9.200	8.100	4.100	—
	镀锌圆钢 $\phi10$		t	0.004	0.004	0.004	0.004	0.004
	镀锌接地线板 40×5×120		个	—	2.080	—	—	—
	软塑料管 $\phi8$		m	—	—	—	—	17.500
	其他材料费		%	1.50	1.50	1.50	1.50	1.50
机械	汽车式起重机 8t		台班	—	—	—	0.442	—
	载重汽车 5t		台班	0.179	0.179	0.179	0.179	0.179
仪表	回路电阻测试仪		台班	—	—	0.270	0.270	—
	高压绝缘电阻测试仪		台班	—	0.400	0.270	0.270	—
	YDQ 充气式试验变压器		台班	—	—	0.270	0.270	—
	高压试验变压器配套操作箱、调压器		台班	—	—	0.270	0.270	—
	TPFRC 电容分压器交直流高压测量系统		台班	—	0.400	0.270	0.270	—
	直流高压发生器		台班	—	0.400	—	—	—

注：支架、横担、撑铁材料费按实际发生计算。

5. 杆上控制箱安装

工作内容：支架、横担、撑铁安装，箱体吊装固定，接地，单体调试。　　**计量单位：**套

编　号				8-1-44	8-1-45	8-1-46	8-1-47
项　目				距地 10m 以内			
				二路	三路	四路	六路
名　称			单位	消　耗　量			
人工	合计工日		工日	2.305	2.405	2.626	2.793
	其中	普工	工日	0.576	0.601	0.657	0.698
		一般技工	工日	1.429	1.491	1.628	1.732
		高级技工	工日	0.300	0.313	0.341	0.363
材料	镀锌支架支撑 L50×50×1 320		副	2.020	2.020	2.020	2.020
	镀锌横担 L5×50×1 500		根	2.074	2.074	2.074	2.074
	镀锌 M 形抱铁		个	2.020	2.020	2.020	2.020
	六角螺栓带螺母 M12×55		套	4.100	4.100	4.100	4.100
	六角螺栓带螺母 M16×60		套	8.200	8.200	8.200	8.200
	镀锌铁丝 ϕ1.2~2.2		kg	0.123	0.123	0.123	0.123
	铜接地线 25m^2		m	10.180	10.180	10.180	10.180
	开关箱固定压板 4×50		副	1.000	1.000	1.000	1.000
	电焊条 L-60 ϕ3.2		kg	0.100	0.100	0.100	0.100
	镀锌 V 形横箍		副	2.020	2.020	2.020	2.020
	凡士林		kg	0.020	0.020	0.020	0.020
	其他材料费		%	0.41	0.41	0.41	0.41
机械	载重汽车 5t		台班	0.224	0.224	0.224	0.224
	交流弧焊机 21kV·A		台班	0.009	0.009	0.009	0.009
	电焊条烘干箱 55×45×55(cm^3)		台班	0.001	0.001	0.001	0.001
	汽车式起重机 8t		台班	0.291	0.291	0.291	0.291

6. 控制箱、柜附件安装

工作内容：开箱检查，安装固定，校验，接地。　　**计量单位：**个

			8-1-48	8-1-49	8-1-50
编　号			8-1-48	8-1-49	8-1-50
项　目			户外式端子箱	光电控制器	时间控制器
名　称		单位	消　耗　量		
人工	合计工日	工日	1.931	0.214	0.187
	其中：普工	工日	0.483	0.054	0.047
	其中：一般技工	工日	1.197	0.133	0.116
	其中：高级技工	工日	0.251	0.028	0.024
材料	角钢 63 以内	kg	9.000	—	—
	钢垫板 δ1~2	kg	0.289	—	—
	扁钢 60 以内	kg	3.000	—	—
	六角螺栓带螺母 M6×20	套	—	4.000	4.000
	六角螺栓带螺母 M10×30	套	4.100	—	—
	铜芯橡皮花线 BXH 2×16/0.15mm^2	m	2.000	3.050	3.050
	铜芯塑料绝缘电线 BV-35mm^2	m	6.110	—	—
	电焊条 L-60 ϕ3.2	kg	0.200	—	—
	钢锯条	条	0.500	—	—
	调和漆	kg	0.200	—	—
	其他材料费	%	0.48	1.50	1.50
机械	交流弧焊机 21kV·A	台班	0.053	—	—
	电焊条烘干箱 55×45×55(cm^3)	台班	0.005	—	—

五、铁构件制作、安装及箱、盒制作

工作内容：制作，平直，划线，下料，钻孔，组对，焊接，刷油（喷漆），安装，补刷油。　　**计量单位：**100kg

编号				8-1-51	8-1-52	8-1-53	8-1-54
项目				一般铁构件		轻型铁构件	
				制作	安装	制作	安装
名称			单位	消耗量			
人工	合计工日		工日	1.670	1.214	1.923	1.416
	其中	普工	工日	0.418	0.303	0.481	0.354
		一般技工	工日	1.035	0.753	1.192	0.878
		高级技工	工日	0.217	0.158	0.250	0.184
材料	铁砂布 0#~2#		张	5.000	—	3.000	—
	电焊条 L-60 ϕ3.2		kg	1.400	1.800	1.200	0.600
	溶剂汽油 200#		kg	0.440	0.100	0.750	0.100
	调和漆		kg	1.400	0.200	2.400	0.200
	防锈漆		kg	1.770	0.300	3.000	0.400
	钢锯条		条	2.000	1.000	2.000	1.000
	油漆溶剂油		kg	0.500	—	0.850	—
	钢筋 ϕ12		t	0.008	—	—	—
	清油		kg	0.588	—	1.000	—
	镀锌扁钢（综合）		kg	22.000	—	—	—
	镀锌六角螺栓带螺母 M10×80		套	63.000	5.800	18.200	9.000
	角钢 40×5		t	0.075	—	—	0.005
	热轧薄钢板 δ1.0		t	—	—	0.104	—
	其他材料费		%	1.80	1.80	1.80	1.80
机械	交流弧焊机 21kV·A		台班	0.250	0.160	0.240	0.120
	电焊条烘干箱 55×45×55（cm^3）		台班	0.025	0.016	0.024	0.012
	联合冲剪机 16mm		台班	0.088	—	0.177	—
	电动空气压缩机 0.6m^3/min		台班	—	—	0.354	—
	卷板机 2×1 600mm		台班	—	—	0.221	—

工作内容：制作，平直，划线，下料，钻孔，组对，焊接，刷油（喷漆），安装，补刷油。

编号				8-1-55	8-1-56	8-1-57
项目				箱、盒制作	网门保护网制作、安装	二次喷漆
				100kg		m^2
名称			单位	消耗量		
人工	合计工日		工日	15.368	1.450	0.481
	其中	普工	工日	3.842	0.363	0.120
		一般技工	工日	9.528	0.899	0.298
		高级技工	工日	1.998	0.189	0.063
材料	铁砂布 0#~2#		张	3.000	3.000	3.000
	电焊条 L-60 ϕ3.2		kg	1.500	0.060	—
	溶剂汽油 200#		kg	0.300	—	—
	防锈漆		kg	3.600	0.100	0.200
	钢锯条		条	2.000	0.500	—
	天那水		kg	4.800	—	0.700
	喷漆		kg	3.100	—	0.350
	热轧薄钢板 δ1.0		t	0.104	—	—
	镀锌六角螺栓带螺母 M10×80		套	18.200	—	—
	石膏粉		kg	0.720	—	—
	角钢 40×5		t	0.005	0.031	—
	镀锌钢丝网 ϕ1.6×20×20		m^2	—	1.100	—
	镀锌铁丝 ϕ2.5~4.0		kg	—	0.206	—
	调和漆		kg	—	0.100	—
	铜皮（综合）		kg	—	0.070	—
	网门合页 55~110		副	—	2.000	—
	清油		kg	—	0.098	—
	其他材料费		%	1.80	1.80	1.80
机械	电动空气压缩机 0.6m^3/min		台班	0.531	0.177	0.177
	卷板机 2×1 600mm		台班	0.336	—	—
	交流弧焊机 21kV·A		台班	0.867	0.027	—
	电焊条烘干箱 55×45×55（cm^3）		台班	0.087	0.003	—
	联合冲剪机 16mm		台班	0.265	0.044	—

六、成套配电箱安装

工作内容：开箱，检查，安装，接地。　　　　**计量单位：**台

编号				8-1-58	8-1-59	8-1-60	8-1-61	8-1-62
项目				落地式	悬挂嵌入式（半周长 m）			
					0.5	1.0	1.5	2.5
名称			单位	消耗量				
人工	合计工日		工日	2.426	0.735	0.869	1.203	1.871
	其中	普工	工日	0.607	0.184	0.217	0.301	0.468
		一般技工	工日	1.504	0.456	0.539	0.746	1.160
		高级技工	工日	0.315	0.096	0.113	0.156	0.243
材料	铁砂布 0#~2#		张	1.000	0.500	0.800	1.000	1.200
	电焊条 L-60 ϕ3.2		kg	0.150	0.100	0.130	0.150	0.150
	调和漆		kg	0.050	0.030	0.030	0.030	0.050
	钢垫板 δ1~2		kg	0.289	0.144	0.144	0.144	0.192
	黑胶布 20mm×20m		卷	0.200	0.100	0.100	0.150	0.200
	塑料软管（综合）		kg	0.300	0.130	0.150	0.180	0.250
	酚醛磁漆		kg	0.020	0.010	0.010	0.010	0.020
	镀锌扁钢 25×4		kg	1.500	1.350	1.400	1.500	1.500
	镀锌六角螺栓带螺母 M10×80		套	6.100	—	3.100	3.100	4.100
	硬铜绞线 TJ-6mm^2		kg	—	0.170	—	—	—
	硬铜绞线 TJ-10mm^2		kg	—	—	0.200	0.230	—
	塑料胀管 ϕ6×50		个	—	4.500	—	—	—
	膨胀螺栓（综合）		10套	—	—	0.210	0.210	0.410
	其他材料费		%	1.80	1.80	1.80	1.80	1.80
机械	汽车式起重机 8t		台班	0.088	0.035	0.035	0.035	0.053
	交流弧焊机 21kV·A		台班	0.088	0.044	0.071	0.088	0.088
	电焊条烘干箱 55×45×55（cm^3）		台班	0.009	0.004	0.007	0.009	0.009
	载重汽车 4t		台班	0.054	—	0.018	0.036	0.054

七、熔断器、限位开关安装

工作内容：开箱，检查，安装，接线，接地。　　计量单位：个

编号				8-1-63	8-1-64	8-1-65
项目				熔断器		限位开关
				瓷插螺旋式	管式	普通式
名称			单位	消耗量		
人工	合计工日		工日	0.100	0.468	0.401
	其中	普工	工日	0.025	0.117	0.100
		一般技工	工日	0.062	0.290	0.249
		高级技工	工日	0.013	0.061	0.052
材料	橡皮护套圈 $\phi 17$		个	2.000	2.000	—
	焊锡		kg	0.030	0.050	—
	焊锡膏		kg	0.010	0.010	—
	保险丝 10A		轴	0.060	—	—
	镀锌六角螺栓带螺母 M10×70		套	2.000	2.000	5.100
	石棉橡胶板 $\delta 1.5$		m^2	0.010	—	—
	电焊条 L-60 $\phi 3.2$		kg	—	—	0.150
	硬铜绞线 TJ-6mm^2		kg	—	—	0.030
	镀锌扁钢 25×4		kg	—	—	0.700
	其他材料费		%	1.80	1.80	1.80
机械	交流弧焊机 21kV·A		台班	—	—	0.044
	电焊条烘干箱 55×45×55(cm^3)		台班	—	—	0.004

八、控制器、启动器安装

工作内容：开箱，检查，安装，触头调整，注油，接线，接地。　　**计量单位：**台

编号			8-1-66	8-1-67	8-1-68
项目			控制器		接触器磁力启动器
			主令	鼓形凸轮	
名称		单位	消耗量		
人工	合计工日	工日	1.336	1.336	1.336
人工	其中 普工	工日	0.334	0.334	0.334
人工	其中 一般技工	工日	0.828	0.828	0.828
人工	其中 高级技工	工日	0.174	0.174	0.174
材料	电焊条 L-60 $\phi3.2$	kg	0.100	0.100	—
材料	电力复合脂	kg	0.030	0.050	0.020
材料	镀锌扁钢 25×4	kg	0.670	0.200	—
材料	镀锌六角螺栓带螺母 M10×70	套	1.000	1.000	4.100
材料	镀锌六角螺栓带螺母 M12×80	套	4.100	—	—
材料	镀锌六角螺栓带螺母 M12×150	套	—	4.100	—
材料	硬铜绞线 TJ-6mm^2	kg	—	0.030	—
材料	铁砂布 0#~2#	张	—	—	0.500
材料	塑料软管（综合）	kg	—	—	0.050
材料	焊锡	kg	—	—	0.090
材料	焊锡膏	kg	—	—	0.020
材料	塑料带 20mm×40m	kg	—	—	0.040
材料	其他材料费	%	1.80	1.80	1.80
机械	交流弧焊机 21kV·A	台班	0.035	0.018	—
机械	电焊条烘干箱 55×45×55（cm^3）	台班	0.004	0.002	—

九、盘、柜配线

工作内容：放线，下料，包绝缘带，排线，卡线，校线，接线。　　　　**计量单位：**10m

编号				8-1-69	8-1-70	8-1-71	8-1-72
项目				导线截面（mm^2 以内）			
				2.5	6.0	10	25
名称			单位	消耗量			
人工	合计工日		工日	0.334	0.401	0.468	0.668
	其中	普工	工日	0.084	0.100	0.117	0.167
		一般技工	工日	0.207	0.249	0.290	0.414
		高级技工	工日	0.043	0.052	0.061	0.087
材料	绝缘导线		m	（10.180）	（10.180）	（10.180）	（10.180）
	棉纱头		kg	0.050	0.050	0.080	0.080
	铁砂布 0#~2#		张	2.000	2.000	2.500	2.500
	汽油（综合）		kg	0.200	0.200	0.220	0.220
	钢精扎头		包	0.330	0.330	0.330	—
	黑胶布 20mm×20m		卷	0.200	0.200	0.200	0.250
	焊锡		kg	0.100	0.100	0.150	0.220
	焊锡膏		kg	0.010	0.010	0.010	0.020
	电力复合脂		kg	0.010	0.010	0.010	0.020
	黄漆布带 20mm×40m		卷	0.060	0.060	0.060	0.130
	塑料异型管 *D*2.5~5		m	0.412	0.412	0.412	—
	镀锌六角螺栓带螺母 M10×70		套	6.100	6.100	6.100	32.600
	塑料管（综合）		kg	0.020	0.020	0.030	—
	尼龙扎带 150		个	16.000	16.000	—	—
	尼龙扎带 200		个	—	—	16.000	16.000
	钢锯条		条	—	—	—	0.500
	其他材料费		%	1.80	1.80	1.80	1.80

工作内容:放线,下料,包绝缘带,排线,卡线,校线,接线。　**计量单位:**10m

编号				8-1-73	8-1-74	8-1-75
项目				导线截面(mm² 以内)		
				50	95	120
名称			单位	消耗量		
人工	合计工日		工日	0.869	1.336	1.737
	其中	普工	工日	0.217	0.334	0.434
		一般技工	工日	0.539	0.828	1.077
		高级技工	工日	0.113	0.174	0.226
材料	绝缘导线		m	(10.180)	(10.180)	(10.180)
	棉纱头		kg	0.100	0.100	0.120
	铁砂布 0#~2#		张	2.800	2.800	2.800
	汽油(综合)		kg	0.600	1.000	1.500
	钢锯条		条	0.800	1.000	1.000
	黑胶布 20mm×20m		卷	0.280	0.440	0.670
	焊锡		kg	0.600	1.000	1.500
	焊锡膏		kg	0.060	0.100	0.150
	电力复合脂		kg	0.030	0.040	0.050
	黄漆布带 20mm×40m		卷	0.150	0.230	0.340
	镀锌六角螺栓带螺母 M10×70		套	32.600	32.600	32.600
	尼龙扎带 250		个	16.000	16.000	16.000
	其他材料费		%	1.80	1.80	1.80

十、接线端子安装

1. 焊铜接线端子安装

工作内容: 剥线头,套绝缘管,焊接头,包缠绝缘带。 **计量单位:** 10 个

编号				8-1-76	8-1-77	8-1-78	8-1-79
项目				导线截面(mm² 以内)			
				16	35	70	120
名称			单位	消耗量			
人工	合计工日		工日	0.200	0.267	0.334	0.501
	其中	普工	工日	0.050	0.067	0.084	0.125
		一般技工	工日	0.124	0.166	0.207	0.311
		高级技工	工日	0.026	0.035	0.043	0.065
材料	铁砂布 0#~2#		张	1.000	1.000	1.500	1.500
	黑胶布 20mm×20m		卷	0.110	0.200	0.250	0.350
	焊锡		kg	0.100	0.230	0.440	0.790
	焊锡膏		kg	0.010	0.020	0.040	0.080
	电力复合脂		kg	0.010	0.020	0.030	0.040
	黄漆布带 20mm×40m		卷	0.060	0.100	0.140	0.160
	汽油(综合)		kg	0.500	0.600	0.800	1.000
	钢锯条		条	—	0.200	0.250	0.300
	铜接线端子 DT-16		个	10.200	—	—	—
	铜接线端子 DT-35		个	—	10.200	—	—
	铜接线端子 DT-70		个	—	—	10.200	—
	铜接线端子 DT-120		个	—	—	—	10.200
	其他材料费		%	1.50	1.50	1.50	1.50

2. 压铜接线端子安装

工作内容：剥线头，套绝缘管，压接头，包缠绝缘带。 **计量单位：**10 个

编号				8-1-80	8-1-81	8-1-82	8-1-83
项目				导线截面（mm^2 以内）			
				16	35	70	120
名称			单位	消耗量			
人工	合计工日		工日	0.294	0.441	0.882	1.764
	其中	普工	工日	0.074	0.110	0.221	0.441
		一般技工	工日	0.182	0.273	0.547	1.094
		高级技工	工日	0.038	0.057	0.115	0.229
材料	铁砂布 0#~2#		张	1.000	1.000	1.500	3.500
	电力复合脂		kg	0.020	0.030	0.050	0.070
	黄漆布带 20mm×40m		卷	0.060	0.100	0.140	0.160
	汽油（综合）		kg	0.200	0.300	0.350	0.400
	钢锯条		条	—	0.200	0.250	0.300
	黑胶布 20mm×20m		卷	—	—	—	0.500
	铜接线端子 DT-16		个	10.200	—	—	—
	铜接线端子 DT-35		个	—	10.200	—	—
	铜接线端子 DT-70		个	—	—	10.200	—
	铜接线端子 DT-120		个	—	—	—	10.200
	其他材料费		%	1.50	1.50	1.50	1.50

十一、控制继电器保护屏安装

工作内容：开箱，检查，安装，电器、表计及继电器等附件的拆装、送交试验，盘内整理及一次校线、接线。

计量单位：台

		编号		8-1-84	8-1-85	8-1-86	8-1-87	8-1-88
		项目		控制屏	继电、信号屏	配电（电源）屏（低压开关柜）	弱电控制返回屏	同期小屏控制箱
		名称	单位	消耗量				
人工		合计工日	工日	2.534	3.111	2.529	2.673	1.069
	其中	普工	工日	0.634	0.778	0.632	0.669	0.267
		一般技工	工日	1.571	1.929	1.568	1.657	0.663
		高级技工	工日	0.329	0.404	0.329	0.347	0.139
材料		棉纱头	kg	0.100	0.100	0.100	0.100	0.030
		电焊条 L-60 $\phi3.2$	kg	0.150	0.150	0.150	0.150	0.100
		调和漆	kg	0.100	0.100	0.050	0.050	0.030
		钢垫板 $\delta1\sim2$	kg	0.192	0.192	0.192	0.192	0.096
		塑料带 20mm×40m	kg	0.500	0.500	0.300	0.300	0.300
		自粘性橡胶带 20mm×5m	卷	0.100	0.100	0.100	0.100	—
		胶木线夹	个	10.000	15.000	6.000	6.000	8.000
		镀锌扁钢 40×4	t	0.002	0.002	0.002	0.002	—
		镀锌扁钢 50×5	t	—	—	—	—	0.001
		塑料软管（综合）	kg	1.200	1.500	0.500	0.500	0.500
		塑料异型管 $D2.5\sim5$	m	6.178	6.178	6.178	6.178	5.149
		镀锌六角螺栓带螺母 M10×70	套	6.100	6.100	6.100	6.100	4.100
		电力复合脂	kg	—	—	0.050	—	—
		酚醛磁漆	kg	—	—	—	—	0.010
		其他材料费	%	1.80	1.80	1.80	1.80	1.80
机械		汽车式起重机 8t	台班	0.088	0.088	0.088	0.088	0.044
		交流弧焊机 21kV·A	台班	0.088	0.088	0.088	0.088	0.044
		电焊条烘干箱 55×45×55（cm^3）	台班	0.009	0.009	0.009	0.009	0.004
		载重汽车 4t	台班	0.054	0.054	0.054	0.054	0.045

十二、控制台安装

工作内容：开箱，检查，安装，各种电器、表计等附件的拆装、送交试验，盘内整理，一次接线。

计量单位：台

编　号				8-1-89	8-1-90	8-1-91
项　目				控制台（m 以内）		集中控制台（m 以内）
				1	2	2~4
名　称			单位	消　耗　量		
人工	合计工日		工日	3.063	5.132	9.622
	其中	普工	工日	0.766	1.283	2.405
		一般技工	工日	1.899	3.182	5.966
		高级技工	工日	0.398	0.667	1.251
材料	棉纱头		kg	0.100	0.150	0.300
	电焊条 L-60 ϕ3.2		kg	0.100	0.100	0.500
	调和漆		kg	0.100	0.200	0.800
	钢垫板 δ1~2		kg	0.289	0.289	5.822
	塑料软管（综合）		kg	0.500	1.500	2.000
	塑料带 20mm×40m		kg	0.300	0.600	1.000
	胶木线夹		个	8.000	12.000	20.000
	酚醛磁漆		kg	0.030	0.050	0.100
	塑料异型管 D2.5~5		m	6.178	12.356	18.535
	镀锌六角螺栓带螺母 M10×70		套	4.100	6.100	—
	镀锌扁钢 50×5		kg	0.003	0.003	0.005
	其他材料费		%	1.80	1.80	1.80
机械	汽车式起重机 8t		台班	0.053	0.088	0.088
	交流弧焊机 21kV·A		台班	0.088	0.088	0.088
	电焊条烘干箱 55×45×55（cm^3）		台班	0.009	0.009	0.009
	载重汽车 4t		台班	0.054	0.090	0.090
	电动单筒慢速卷扬机 30kN		台班	0.053	0.088	—
	汽车式起重机 32t		台班	—	—	0.088

十三、仪表、电器、小母线、分流器安装

1. 仪表、电器、小母线安装

工作内容：开箱，检查，盘上划线，钻眼，安装固定写字，编号，下料布线，上卡子。

编号				8-1-92	8-1-93	8-1-94	8-1-95	8-1-96	8-1-97
项目				测量表计	继电器	电磁锁	屏上辅助设备	小母线	辅助电压互感器
				个				10m	个
名称			单位	消耗量					
人工	合计工日		工日	0.307	0.408	0.421	0.281	0.160	0.561
	其中	普工	工日	0.077	0.102	0.105	0.070	0.040	0.140
		一般技工	工日	0.190	0.253	0.261	0.174	0.099	0.348
		高级技工	工日	0.040	0.053	0.055	0.037	0.021	0.073
材料	铁砂布 0#~2#		张	0.100	0.020	—	—	0.400	—
	棉纱头		kg	0.050	—	0.050	0.050	0.100	0.050
	塑料软管 *De*5		m	3.500	5.000	0.500	1.000	—	—
	焊锡		kg	0.030	0.030	—	0.010	0.050	—
	焊锡膏		kg	0.010	0.010	—	0.010	0.010	—
	电力复合脂		kg	0.010	0.010	—	0.100	0.020	—
	塑料异型管 *D*2.5~5		m	0.103	0.154	—	—	—	—
	钢锯条		条	—	—	0.090	0.500	0.200	0.500
	镀锌六角螺栓带螺母 M10×70		套	—	—	2.000	2.000	7.500	2.000
	标志牌 塑料扁形		个	—	—	—	—	7.500	1.000
	其他材料费		%	1.80	1.80	1.80	1.80	1.80	1.80

2. 分流器安装

工作内容：接触面加工，钻眼，连接，固定。 **计量单位：**个

编号				8-1-98	8-1-99	8-1-100
项目				分流器（A 以内）		
				150	750	1 500
名称			单位	消耗量		
人工	合计工日		工日	0.595	0.915	1.049
	其中	普工	工日	0.149	0.229	0.262
		一般技工	工日	0.369	0.567	0.650
		高级技工	工日	0.077	0.119	0.136
材料	棉纱头		kg	0.100	0.100	—
	铁砂布 0#~2#		张	1.000	1.000	—
	电力复合脂		kg	0.020	0.030	0.050
	镀锌六角螺栓带螺母 M10×70		套	2.000	2.000	4.100
	其他材料费		%	1.80	1.80	1.80

3. 智能元件安装

工作内容：校线、接头、压接冷压端头、排线、绑扎、导线标识、安装、补漆、编码、本体调试等。 **计量单位：**个

编号				8-1-101
项目				电流电压采集模块
名称			单位	消耗量
人工	合计工日		工日	1.634
	其中	一般技工	工日	1.471
		高级技工	工日	0.163
材料	铜接线卡 1.0~2.5		个	4.060
	镀锌螺钉 M（2~5）×（4~50）		个	2.040
	标志牌		个	1.000
	尼龙线卡		个	4.000
	阻燃铜芯塑料绝缘绞型电线 ZR-RVS 2×1.5mm²		m	0.305
	尼龙扎带 $L=100\sim150$		个	2.000
	棉纱头		kg	0.010
	其他材料费		%	3.00
仪表	手持式万用表		台班	0.200

工作内容：校线、接头、压接冷压端头、排线、绑扎、导线标识、安装、编码、本体调试等。　**计量单位**：个

编　号				8-1-102	8-1-103	8-1-104
项　目				开关扩展模块（路以下）		
				3	6	9
名　称			单位	消　耗　量		
人工	合计工日		工日	1.729	1.834	2.290
	其中	一般技工	工日	1.556	1.651	2.061
		高级技工	工日	0.173	0.183	0.229
材料	铜接线卡 1.0~2.5		个	6.090	6.090	8.120
	镀锌螺钉 M（2~5）×（4~50）		个	2.040	2.040	2.040
	标志牌		个	1.000	1.000	1.000
	尼龙线卡		个	4.000	8.000	8.000
	阻燃铜芯塑料绝缘绞型电线 ZR-RVS $2\times1.5mm^2$		m	0.305	0.611	0.611
	尼龙扎带 $L=100$~150		个	2.000	4.000	4.000
	棉纱头		kg	0.010	0.010	0.010
	其他材料费		%	3.00	3.00	3.00
仪表	手持式万用表		台班	0.200	0.400	0.400

注：9 路以上执行 9 路项目，人工乘以系数 1.15。

工作内容：校线、接头、压接冷压端头、排线、绑扎、导线标识、安装、编码、本体调试等。　**计量单位：**个

编号				8-1-105	8-1-106	8-1-107
项目				智能照明控制器（路以下）		
				3	6	9
名称			单位	消耗量		
人工	合计工日		工日	1.729	1.834	2.290
	其中	一般技工	工日	1.556	1.651	2.061
		高级技工	工日	0.173	0.183	0.229
材料	铜接线卡 1.0~2.5		个	6.090	6.090	8.120
	镀锌螺钉 M（2~5）×（4~50）		个	2.040	2.040	2.040
	标志牌		个	1.000	1.000	1.000
	尼龙线卡		个	4.000	8.000	8.000
	阻燃铜芯塑料绝缘绞型电线 ZR-RVS $2\times1.5mm^2$		m	0.305	0.611	0.611
	尼龙扎带 $L=100\sim150$		个	2.000	4.000	4.000
	棉纱头		kg	0.010	0.010	0.010
	其他材料费		%	3.00	3.00	3.00
仪表	手持式万用表		台班	0.200	0.400	0.400

注：9 路以上执行 9 路项目，人工乘以系数 1.15。

工作内容：开箱，检查，现场就位，固定安装，接线，调试。　**计量单位：**套

编号				8-1-108
项目				雨量传感器
名称			单位	消耗量
人工	合计工日		工日	0.850
	其中	普工	工日	0.220
		一般技工	工日	0.546
		高级技工	工日	0.084
材料	雨量传感器		个	1.000
	其他材料费		%	6.32
机械	工业用真有效值万用表		台班	0.050
仪表	数字温度计		台班	0.050

工作内容: 开箱,检验,开孔,划线,固定安装,接线,密封,单体测试。 **计量单位:** 套

编号			8-1-109
项目			光照度传感器
名称		单位	消耗量
人工	合计工日	工日	1.500
	一般技工	工日	1.500
材料	其他材料费	元	4.47
仪表	工业用真有效值万用表	台班	0.100

注: 光照度传感器设备另行计入材料费。

第二章　10kV 以下架空线路工程

说　　明

一、本章包括底盘、卡盘、拉盘安装及电杆焊接、防腐，立杆，引下线支架安装，10kV 以下横担安装，1kV 以下横担安装，进户线横担安装，拉线制作、安装，导线架设，导线跨越架设，路灯设施编号，基础工程，绝缘子安装等项目。

二、本章按平原条件编制，如在丘陵、山地施工时，其人工和机械乘以下列地形系数：

地形系数表

地形类别	高山	丘陵（市区）	一般山地
调整系数	2.20	1.20	1.60

三、地形划分：

（1）平地：指地形比较平坦、开阔，地面土质含水率小于或等于 40% 的地带。

（2）丘陵：指地形有起伏，水平距离小于或等于 1km，地形起伏小于或等于 50m 的地带。

（3）一般山地：指一般山岭或沟谷地带、高原台地，水平距离小于或等于 250m，地形起伏在 50~150m 的地带。

（4）高山：指人力、牲畜攀登困难，水平距离小于或等于 250m，地形起伏在 150~250m 的地带。

四、线路一次施工工程量按 5 根以上电杆考虑，如 5 根以内者，人工乘以系数 1.20，机械乘以系数 1.20。

五、金属杆组立工程是按预埋基础带法兰连接方式考虑的，如采用现浇混凝土基础预埋地脚螺栓安装形式，按预埋螺栓项目子目计算，并扣除金属杆组立项目中的螺栓消耗量，其他不变。

六、导线跨越：

1. 在同一跨越档内，有两种以上跨越物时，则每一跨越物视为“一处”跨越，分别按相应项目执行。

2. 单线广播线不算跨越物。

七、横担安装已包括金具及绝缘子安装人工。

八、本章基础项目适用于路灯杆塔、金属灯柱、控制箱安置基础工程。

工程量计算规则

一、底盘、卡盘、拉线盘按设计用量以“块”为单位计算。

二、各种电线杆组立分材质与高度，按设计数量以“根”为单位计算。

三、拉线制作、安装按施工图设计规定，分不同形式以“组”为单位计算。

四、横担安装按施工图设计规定，分不同线数和电压等级以“组”为单位计算。

五、导线架设分导线类型与截面，按 1km/ 单线计算，导线预留长度规定见下表：

导线预留长度

项目名称		长度（m）
高压	转角	2.5
	分支、终端	2.0
低压	分支、终端	0.5
	交叉跳线转角	1.5
与设备连接		0.5

注：导线长度按线路总长加预留长度计算。

六、导线跨越架设指越线架的搭设、拆除和运输以及因跨越施工难度而增加的工作量，以“处”为单位计算，每个跨越间距按 50m 以内考虑，大于 50m 小于 100m 时，按 2 处计算。

七、路灯设施编号按“100 个”为单位计算；开关箱号、路灯编号、钉粘贴号牌不足 10 个的，按 10 个计算。

八、混凝土基础制作以体积计算，如有钢筋工程，执行第九册《钢筋工程》相关项目。

九、绝缘子安装以“10 个”为单位计算。

一、底盘、卡盘、拉盘安装及电杆焊接、防腐

工作内容：基坑整理，移、运盘安装，操平、找正，卡盘螺栓紧固，工器具转移，对口焊接，木杆根部烧焦涂防腐油。

编号				8-2-1	8-2-2	8-2-3	8-2-4	8-2-5
项目				底盘	卡盘	拉盘	水泥杆焊接	木杆根部防腐
				块			一个口	根
名称			单位	消耗量				
人工	合计工日		工日	0.373	0.162	0.132	0.740	0.078
	其中	普工	工日	0.123	0.053	0.044	0.244	0.026
		一般技工	工日	0.249	0.109	0.088	0.496	0.052
材料	底盘		块	(1.010)	—	—	—	—
	卡盘		块	—	(1.020)	—	—	—
	拉盘		块	—	—	(1.020)	—	—
	镀锌 U形抱箍		套	—	1.020	—	—	—
	电焊条 L-60 ϕ3.2		kg	—	—	—	0.710	—
	氧气		m^3	—	—	—	1.820	—
	乙炔气		m^3	—	—	—	0.700	—
	木柴		kg	—	—	—	—	2.000
	防腐油		kg	—	—	—	—	1.733
	其他材料费		%	—	—	—	1.40	—
机械	交流弧焊机 21kV·A		台班	—	—	—	0.487	—
	电焊条烘干箱 55×45×55(cm^3)		台班	—	—	—	0.049	—

二、立　　杆

1.单　　杆

工作内容：立杆，找正，绑地横木，根部刷油，工器具转移。　　**计量单位：**根

编　　号				8-2-6	8-2-7	8-2-8	8-2-9	8-2-10	8-2-11	8-2-12
项　　目				木杆（m 以内）			水泥杆（m 以内）			
				9	11	13	9	11	13	15
名　　称			单位	消　耗　量						
人工	合计工日		工日	0.255	0.385	0.550	0.914	1.280	1.829	2.540
	其中	普工	工日	0.084	0.127	0.182	0.302	0.422	0.604	0.838
		一般技工	工日	0.170	0.258	0.368	0.612	0.858	1.225	1.702
材料	地横木 200×1 200		根	(1.050)	(1.050)	(1.050)	—	—	—	—
	木杆		根	(1.000)	(1.000)	(1.000)	—	—	—	—
	水泥电杆		根	—	—	—	(1.000)	(1.000)	(1.000)	(1.000)
	镀锌铁丝 ϕ2.5~4.0		kg	1.045	1.045	1.045	—	—	—	—
	硝基磁漆		kg	0.020	0.020	0.020	0.020	0.020	0.020	0.020
	防腐油		kg	0.510	0.510	0.510	—	—	—	—
	垫木		m^3	—	—	—	0.002	0.002	0.002	0.002
	其他材料费		%	1.50	1.50	1.50	1.50	1.50	1.50	1.50
机械	汽车式起重机 8t		台班	—	—	—	0.088	0.088	0.111	0.111

2.接 腿 杆

工作内容：木杆加工，接腿，立杆，找正，绑地横木，根部刷油，工器具转移。　　**计量单位：**根

编 号			8-2-13	8-2-14	8-2-15	8-2-16	8-2-17	8-2-18	8-2-19
项 目			单腿接杆（m 以内）			双腿接杆15m以内	混合接腿杆（m 以内）		
			9	11	13		9	11	13
名 称		单位	消 耗 量						
人工	合计工日	工日	1.309	1.500	1.732	3.234	1.155	1.346	1.588
人工	其中 普工	工日	0.432	0.495	0.572	1.067	0.381	0.444	0.524
人工	其中 一般技工	工日	0.877	1.005	1.160	2.167	0.774	0.902	1.064
材料	地横木 200×1 200	根	(1.050)	(1.050)	(1.050)	—	—	—	—
材料	镀锌铁丝 ϕ2.5~4.0	kg	4.178	4.178	4.178	7.832	—	—	—
材料	硝基磁漆	kg	0.020	0.020	0.020	0.020	0.020	0.020	0.020
材料	防腐油	kg	1.019	1.019	1.019	1.427	0.408	0.408	0.408
材料	原木 ϕ250×1 200	根	—	—	—	1.010	—	—	—
材料	镀锌六角螺栓带 2 螺母 M18×350	套	—	—	—	2.120	—	—	—
材料	镀锌六角螺栓带 2 螺母 M18×530	套	2.120	2.120	2.120	—	—	—	—
材料	镀锌六角螺栓带 2 螺母 M18×770	套			—	2.120	—	—	—
材料	槽钢背板	kg	—	—	—	—	8.300	8.320	8.320
材料	镀锌 U形抱箍	套	—	—	—	—	2.040	2.040	2.040
材料	其他材料费	%	1.50	1.50	1.50	1.50	1.50	1.50	1.50

3.撑　　杆

工作内容：木杆加工，根部刷油，立杆，装抱箍，填土夯实。　　**计量单位：**根

编号				8-2-20	8-2-21	8-2-22	8-2-23	8-2-24	8-2-25
项目				木撑杆（m 以内）			水泥撑杆（m 以内）		
				9	11	13	9	11	13
名称			单位	消耗量					
人工	合计工日		工日	0.894	1.405	1.944	1.289	1.665	2.415
	其中	普工	工日	0.295	0.464	0.642	0.425	0.549	0.797
		一般技工	工日	0.599	0.941	1.302	0.864	1.116	1.618
材料	木杆		根	（1.000）	（1.000）	（1.000）	—	—	—
	水泥电杆		根	—	—	—	（1.000）	（1.000）	（1.000）
	镀锌铁丝 ϕ2.5~4.0		kg	2.614	2.614	2.614	—	—	—
	防腐油		kg	0.510	0.510	0.510	—	—	—
	原木 ϕ250×500		根	1.010	1.010	1.010	—	—	—
	镀锌角钢卡箍		副	—	—	—	2.040	2.040	2.040
	镀锌 M形抱铁		个	—	—	—	4.080	4.080	4.080
	六角螺栓带螺母 M16×（150~250）		套	—	—	—	4.100	4.100	4.100
	其他材料费		%	1.50	1.50	1.50	1.50	1.50	1.50
机械	汽车式起重机 8t		台班	—	—	—	0.035	0.035	0.053

4. 立金属杆

工作内容：灯柱柱基杂物清理，立杆，找正，紧固螺栓并上防锈油。　　　　**计量单位：**根

编号			8-2-26	8-2-27	8-2-28	8-2-29	8-2-30	8-2-31	8-2-32
项目			单杆式（杆长 m 以下）						
			5	10	15	20	25	30	40
名称		单位	消耗量						
人工	合计工日	工日	0.257	0.412	0.593	3.100	3.100	4.417	6.312
人工	其中 普工	工日	0.085	0.136	0.195	1.023	1.023	1.458	2.083
人工	其中 一般技工	工日	0.173	0.276	0.398	2.077	2.077	2.959	4.229
材料	金属杆	根	（1.000）	（1.000）	（1.000）	（1.000）	（1.000）	（1.000）	（1.000）
材料	防火涂料	kg	0.200	0.250	0.300	0.600	0.600	1.050	1.050
材料	钢垫板 δ2.5~5	kg	0.481	0.481	0.770	0.770	1.155	2.021	2.021
材料	弹簧垫圈 M16~30	10 个	0.633	0.844	0.844	1.688	1.688	2.954	2.954
材料	酚醛磁漆	kg	0.400	0.500	0.600	1.200	1.200	2.100	2.100
材料	六角螺栓带螺母 M16×60	套	6.120	8.160	8.160	—	—	—	—
材料	六角螺栓带螺母 M24×100	套	—	—	—	16.320	16.320	28.560	28.560
材料	其他材料费	%	1.50	1.50	1.50	1.50	1.50	1.50	1.50
机械	汽车式起重机 8t	台班	0.058	0.058	0.111	0.221	—	—	—
机械	汽车式起重机 25t	台班	—	—	—	—	0.531	0.708	0.885

注：杆长 20m 及以上金属杆按两节或两节以上考虑。

三、引下线支架安装

工作内容：支架安装，找正，上瓷瓶，紧固。　　　　**计量单位：**10 副

编号				8-2-33	8-2-34	8-2-35	8-2-36
项目				距地面高度（m 以内）			
				6	8	10	13
名称			单位	消耗量			
人工	合计工日		工日	0.482	0.529	0.583	0.644
	其中	普工	工日	0.159	0.175	0.193	0.212
		一般技工	工日	0.322	0.355	0.391	0.431
材料	镀锌引下线支架		副	（10.050）	（10.050）	（10.050）	（10.050）
	蝶式绝缘子 ED-3		个	20.000	20.000	20.000	20.000
	六角螺栓带螺母 M12×100		套	204.000	204.000	204.000	204.000
	镀锌 J 形螺栓带螺母		套	102.000	102.000	102.000	102.000
	其他材料费		%	1.50	1.50	1.50	1.50

四、10kV 以下横担安装

工作内容：量尺寸、定位、上抱箍，安装横担、支撑及杆顶支座，安装绝缘子。　　　　**计量单位：**组

编号				8-2-37	8-2-38	8-2-39	8-2-40
项目				铁、木横担		瓷横担	
				单根	双根	直线杆	承力杆
名称			单位	消耗量			
人工	合计工日		工日	0.227	0.357	0.151	0.302
	其中	普工	工日	0.075	0.118	0.050	0.100
		一般技工	工日	0.152	0.239	0.102	0.203
材料	横担		根	（1.030）	（1.030）	（1.030）	（1.030）
	棉纱头		kg	0.050	0.050	0.050	0.050
	镀锌铁丝 ϕ4.0		kg	0.515	0.720	—	—
	调和漆		kg	0.020	0.030	—	—
	其他材料费		%	1.50	1.50	1.50	1.50

注：绝缘子按实际发生计算，计入材料费，其他不变。

五、1kV 以下横担安装

工作内容：定位、上抱箍，安装支架、横担、支撑及杆顶支座，安装瓷瓶。　　　　**计量单位：**组

编　号			8-2-41	8-2-42	8-2-43	8-2-44	8-2-45	8-2-46
项　目			二线	四线		六线		瓷横担
				单根	双根	单根	双根	
名　称		单位	消　耗　量					
人工	合计工日	工日	0.131	0.185	0.295	0.234	0.371	0.131
人工	其中 普工	工日	0.043	0.061	0.097	0.077	0.122	0.043
人工	其中 一般技工	工日	0.087	0.124	0.198	0.157	0.248	0.087
材料	横担	根	(1.030)	(1.030)	(1.030)	(1.030)	(1.030)	(1.030)
材料	棉纱头	kg	0.050	0.050	0.050	0.050	0.050	0.050
材料	镀锌铁丝 ϕ4.0	kg	0.412	0.515	0.720	0.515	0.720	—
材料	调和漆	kg	0.020	0.020	0.030	0.020	0.030	—
材料	其他材料费	%	1.50	1.50	1.50	1.50	1.50	1.50

注：绝缘子按实际发生计算，计入材料费，其他不变。

六、进户线横担安装

工作内容：测位，划线，打眼，钻孔，横担安装，安装瓷瓶及防水弯头。 **计量单位：**根

编号			8-2-47	8-2-48	8-2-49	8-2-50	8-2-51	8-2-52
项目			一端埋设式			两端埋设式		
			二线	四线	六线	二线	四线	六线
名称		单位	消耗量					
人工	合计工日	工日	0.165	0.255	0.344	0.227	0.255	0.282
人工	其中 普工	工日	0.054	0.084	0.113	0.075	0.084	0.093
人工	其中 一般技工	工日	0.111	0.170	0.230	0.152	0.170	0.189
材料	横担	根	（1.030）	（1.030）	（1.030）	（1.030）	（1.030）	（1.030）
材料	棉纱头	kg	0.030	0.050	0.050	0.050	0.050	0.050
材料	调和漆	kg	0.020	0.030	0.030	0.020	0.030	0.030
材料	冲击钻头 $\phi16$	个	0.010	0.010	0.010	0.020	0.020	0.020
材料	地脚螺栓 M12×120	套	—	1.050	1.050	—	—	—
材料	镀锌六角螺栓带螺母 M12×80	套	—	1.020	1.020	—	4.080	6.120
材料	镀锌六角螺栓带螺母 M12×130	套	—	—	—	—	4.100	6.120
材料	镀锌圆钢支撑 $\phi16\times1\,000$	根	—	1.020	1.020	—	—	—
材料	镀锌铁拉板 40×4×（200~350）	块	—	—	—	—	8.400	12.600
材料	其他材料费	%	1.50	1.50	1.50	1.50	1.50	1.50

注：绝缘子按实际发生计算，计入材料费，其他不变。

七、拉线制作、安装

工作内容：放线，下料，上铁件，安装拉线盘，调整，紧线，填土夯实。　　　　**计量单位：**组

编号				8-2-53	8-2-54	8-2-55	8-2-56	8-2-57	8-2-58
项目				普通拉线（截面 mm^2 以内）			水平及弓形拉线（截面 mm^2 以内）		
				35	70	120	35	70	120
名称			单位	消耗量					
人工	合计工日		工日	0.271	0.331	0.397	0.614	0.818	0.902
	其中	普工	工日	0.089	0.109	0.131	0.203	0.270	0.298
		一般技工	工日	0.182	0.222	0.266	0.411	0.548	0.604
材料	拉线		根	(1.018)	(1.018)	(1.018)	(1.018)	(1.018)	(1.018)
	镀锌拉线棒 ϕ19×2 500		个	1.020	—	—	1.020	—	—
	镀锌拉线棒 ϕ22×2 500		个	—	1.020	—	—	1.020	—
	镀锌拉线棒 ϕ25×2 500		个	—	—	1.020	—	—	1.020
	镀锌 U形拉环 ϕ18×557		个	1.020	—	—	1.020	—	—
	镀锌 U形拉环 ϕ22×557		个	—	1.020	—	—	1.020	—
	镀锌 U形拉环 ϕ25×557		个	—	—	1.020	—	—	1.020
	镀锌垫板 100×5×200		个	1.020	1.020	1.020	1.020	1.020	1.020
	镀锌扁钢抱箍 −40×4		副	1.020	1.020	1.020	2.040	2.040	2.040
	六角螺栓带螺母 M16×80		套	2.040	2.040	2.040	4.080	4.080	4.080
	其他材料费		%	1.50	1.50	1.50	1.50	1.50	1.50

工作内容：放线，下料，上铁件，安装拉线盘，调整，紧线，填土夯实。 计量单位：组

编号				8-2-59	8-2-60	8-2-61
项目				VY 形拉线（截面 mm^2 以内）		
				35	70	120
名称			单位	消耗量		
人工	合计工日		工日	0.812	1.413	2.165
	其中	普工	工日	0.268	0.466	0.715
		一般技工	工日	0.544	0.947	1.450
材料	六角螺栓带螺母 M22×85		套	—	4.080	4.080
	镀锌拉线棒 ϕ22×2 500		个	1.020	—	—
	镀锌拉线棒 ϕ25×2 500		个	—	1.020	1.020
	镀锌 U形拉环 ϕ18×557		个	1.020	—	—
	镀锌 U形拉环 ϕ22×557		个	—	1.020	—
	镀锌 U形拉环 ϕ25×557		个	—	—	1.020
	镀锌垫板 100×5×200		个	1.020	1.020	1.020
	镀锌扁钢抱箍 -40×4		副	2.040	2.040	2.040
	拉线		根	1.018	1.018	1.018
	六角螺栓带螺母 M16×80		套	4.080	—	—
	其他材料费		%	1.32	1.21	0.85

八、导 线 架 设

工作内容：线材外观检查，架线盘，放线，直线接头连接，紧线，弛度观测，耐张终端头制作，绑扎，跳线安装。

计量单位：km/ 单线

编号			8-2-62	8-2-63	8-2-64	8-2-65	8-2-66
项目			裸铝绞线（截面 mm^2 以内）			钢芯铝绞线（截面 mm^2 以内）	
			35	95	150	35	95
名称		单位	消耗量				
人工	合计工日	工日	3.003	5.855	9.237	3.313	6.632
人工	其中 普工	工日	0.991	1.932	3.048	1.094	2.189
人工	其中 一般技工	工日	2.012	3.923	6.188	2.219	4.443
材料	裸铝绞线 LJ	m	(1 013.000)	(1 013.000)	(1 013.000)	—	—
材料	钢芯铝绞线 LGJ	m	—	—	—	(1 013.000)	(1 013.000)
材料	棉纱头	kg	0.050	0.060	0.070	0.050	0.060
材料	防锈漆	kg	0.050	0.050	0.050	0.050	0.050
材料	钢锯条	条	0.800	1.000	1.500	1.000	1.200
材料	铝包带 1×10	kg	1.270	2.540	2.710	1.270	2.540
材料	汽油（综合）	kg	0.050	0.050	0.050	0.050	0.050
材料	电力复合脂	kg	0.020	0.050	0.080	0.020	0.050
材料	铝绑线 $\phi 2$	m	80.230	100.290	106.970	80.230	100.290
材料	钳接管 QL-95	个	—	2.020	—	—	—
材料	钳接管 QL-150~240	个	—	—	2.020	—	—
材料	钳接管 QJG-25~35mm^2	个	—	—	—	1.010	—
材料	钳接管 QJG-35	个	1.010	—	—	—	—
材料	钳接管 QJG-95	个	—	—	—	—	2.020
材料	并沟线夹 35mm^2	个	5.050	—	—	5.050	—
材料	并沟线夹 95mm^2	个	—	5.050	—	—	5.050
材料	并沟线夹 150mm^2	个	—	—	5.050	—	—
机械	载重汽车 5t	台班	0.090	0.134	0.161	0.090	0.134
机械	液压压接机 100t	台班	0.062	0.080	0.097	0.062	0.080

工作内容：线材外观检查，架线盘，放线，直线接头连接，紧线，弛度观测，耐张终端头制作，绑扎，跳线安装。

计量单位：km/ 单线

			8-2-67	8-2-68	8-2-69	8-2-70
编号			8-2-67	8-2-68	8-2-69	8-2-70
项目			钢芯铝绞线（截面 mm² 以内）	绝缘铝绞线（截面 mm² 以内）		
			150	35	95	150
名称		单位	消耗量			
人工	合计工日	工日	10.007	3.313	6.625	10.007
人工	其中 普工	工日	3.302	1.094	2.186	3.302
人工	其中 一般技工	工日	6.704	2.219	4.439	6.704
材料	钢芯铝绞线 LGJ	m	（1 013.000）	—	—	—
材料	绝缘导线	m	—	（1 018.000）	（1 018.000）	（1 018.000）
材料	棉纱头	kg	0.070	0.040	0.040	0.050
材料	防锈漆	kg	0.050	0.050	0.050	0.050
材料	钢锯条	条	1.700	0.800	1.000	1.500
材料	铝包带 1×10	kg	2.710	—	—	—
材料	汽油（综合）	kg	0.050	0.040	0.040	0.050
材料	电力复合脂	kg	0.080	0.020	0.020	0.030
材料	自粘性橡胶带 20mm×5m	卷	—	8.000	16.000	20.000
材料	铝绑线 $\phi2$	m	106.970	—	—	—
材料	铁丝 $\phi2$	m	—	82.119	102.903	109.741
材料	并沟线夹 150mm²	个	5.050	—	—	5.050
材料	并沟线夹 35mm²	个	—	5.050	—	—
材料	并沟线夹 95mm²	个	—	—	5.050	—
材料	钳接管 QLG-150~185	个	2.020	—	—	—
材料	钳接管 QJG-35	个	—	4.040	—	—
材料	钳接管 QL-95	个	—	—	6.060	—
材料	钳接管 QL-150~240	个	—	—	—	8.080
机械	载重汽车 5t	台班	0.161	0.090	0.134	0.161
机械	液压压接机 100t	台班	0.097	0.062	0.080	0.097

九、导线跨越架设

工作内容：跨越架的搭拆，架线中的监护转移。　　　　**计量单位：**处

编　号			8-2-71	8-2-72	8-2-73
项　目			导线跨越		
			电力线、通信线、公路	铁路	河流
名　称		单位	消　耗　量		
人工	合计工日	工日	6.062	7.808	5.684
	其中 普工	工日	2.001	2.577	1.876
	其中 一般技工	工日	4.062	5.231	3.808
材料	镀锌铁丝 ϕ2.5~4.0	kg	9.108	10.754	0.638
	脚手杆 ϕ100×6 000 杉木	根	1.940	3.000	0.400
机械	载重汽车 5t	台班	0.090	0.161	—

注：跨越河流时，如采用船舶等机械，按实际发生计算。

十、路灯设施编号

工作内容：定位，去尘，杆刷漆，编号，量高度，钉或粘路灯号牌。　　　　**计量单位：**100 个

编　号			8-2-74	8-2-75	8-2-76
项　目			开关箱	路灯杆号	钉或粘路灯号牌
名　称		单位	消　耗　量		
人工	合计工日	工日	3.007	2.009	1.503
	其中 普工	工日	0.993	0.663	0.496
	其中 一般技工	工日	2.014	1.346	1.007
材料	路灯号牌	个	(101.000)	(101.000)	(101.000)
	酚醛红漆	kg	1.150	—	—
	漆刷（1"~1.5"）	把	5.000	6.000	—
	溶剂汽油 200#	kg	0.500	1.000	—
	棉纱头	kg	0.200	0.300	—
	酚醛黑板漆	kg	—	1.600	—
	白酚醛漆	kg	—	0.850	—
	水泥钉 10#	百支	—	—	4.160
	其他材料费	%	1.50	1.50	1.50

十一、基 础 工 程

工作内容：1. 混凝土浇捣，养护。
2. 螺栓定位，预埋安装，焊接固定。

编　号				8-2-77	8-2-78	8-2-79
项　目				混凝土基础		预埋安装地脚螺栓
				现场搅拌	预拌	
				m^3		t
名　称			单位	消　耗　量		
人工	合计工日		工日	0.836	0.284	13.681
	其中	普工	工日	0.276	0.094	4.104
		一般技工	工日	0.560	0.190	9.577
材料	地脚螺栓 成套		kg	—	—	（1 020.000）
	预拌混凝土 C30		m^3	—	1.010	—
	水泥 P·O 42.5		t	0.373	—	—
	砂子（中粗砂）		m^3	0.458	—	—
	碎石 40		m^3	0.863	—	—
	电焊条 L-60 ϕ3.2		kg	—	—	52.680
	其他材料费		%	1.50	1.50	1.50
机械	载重汽车 4t		台班	0.007	—	—
	汽车式起重机 8t		台班	0.004	—	—
	涡浆式混凝土搅拌机 500L		台班	0.035	—	—
	机动翻斗车 1t		台班	0.116	—	—
	交流弧焊机 32kV·A		台班	—	—	4.390
	电焊条烘干箱 45×35×45（cm^3）		台班	—	—	0.439

十二、绝缘子安装

工作内容：开箱检查，清扫，绝缘测试，组合安装，固定，接地，刷漆。　　　　**计量单位：**10 个

编　　号				8-2-80	8-2-81	8-2-82
项　　目				10kV 以下		
				户外式支持绝缘子		
				1 孔	2 孔	3 孔
名　　称			单位	消　耗　量		
人工	合计工日		工日	0.403	0.998	1.269
	其中	普工	工日	0.133	0.329	0.419
		一般技工	工日	0.270	0.669	0.851
材料	绝缘子		个	（10.200）	（10.200）	（10.200）
	棉纱头		kg	0.100	0.300	0.300
	调和漆		kg	0.120	0.120	0.120
	钢锯条		条	2.000	2.000	2.000
	汽油（综合）		kg	0.100	0.150	0.200
	电焊条 L-60 ϕ3.2		kg	0.200	0.300	0.300
	扁钢 45×4		kg	15.500	—	—
	镀锌六角螺栓带螺母 M14×80		套	1.020	2.040	4.120
	镀锌扁钢 40×4		kg	—	15.500	15.500
	其他材料费		%	1.50	1.50	1.50
机械	交流弧焊机 21kV·A		台班	0.177	0.177	0.177
	电焊条烘干箱 55×45×55（cm^3）		台班	0.018	0.018	0.018

第三章　电 缆 工 程

说　　明

一、本章包括电缆沟铺砂盖板、揭盖板，电缆保护管敷设，铜芯电缆敷设，电缆终端头制作、安装，电缆中间头制作、安装，电缆穿刺线夹安装，电缆井设置等项目。未考虑在河流和水区、水底、井下等条件的电缆敷设等项目。

二、电缆保护管钢管、塑料管执行配管配线相应项目。

三、电缆敷设消耗量是按照三芯（包括三芯连地）编制的，电缆每增加一芯相应消耗量增加15%。单芯电力电缆敷设按照同截面电缆敷设消耗量乘以系数0.70，两芯电缆按照三芯电缆项目执行。截面$400mm^2$以上至$800mm^2$的单芯电力电缆敷设，按照截面$400mm^2$电力电缆敷设消耗量乘以系数1.35。截面$800mm^2$以上至1 $600mm^2$的单芯电力电缆敷设，按照截面$400mm^2$电力电缆敷设消耗量乘以系数1.85。电缆终端头、中间头适用此条规定。

四、竖直通道敷设电缆适用于单段高度大于3.6m的布放段。在单段高度小于或等于3.6m的竖向敷设电缆时，应执行“水平敷设电缆”相应项目。

五、铝芯电缆执行铜芯电缆项目。

六、电缆在山地丘陵地区直埋敷设时，人工乘以系数1.30。该地段所需的材料如固定桩、夹具等按实计算。

七、电缆敷设中均未考虑波形增加长度及预留等富余长度，该长度应计入工程量之内。

八、顶管工程执行第五册《市政管网工程》相关项目。

九、电缆井塑料井盖执行铸铁井盖项目。

十、本消耗量未包括下列工作内容：

1. 隔热层、保护层的制作、安装。

2. 电缆的冬季施工加温工作。

工程量计算规则

一、直埋电缆的挖、填土(石)方,除特殊要求外,可按下表计算土方量:

土 方 量

项目	电缆根数	
每米沟长土方量(m^3/m)	1~2	每增加1根
	0.45	0.153

二、电缆沟盖板揭、盖项目,按每揭、盖一次以长度计算。如又揭又盖,则按两次计算。

三、电缆保护管长度,除按设计规定长度计算外,遇有下列情况,应按以下规定增加保护管长度:

1. 横穿道路时,按路基宽度两端各加2m。
2. 垂直敷设时,按管口离地面加2m。
3. 穿过建筑物外墙时,按基础外缘以外加2m。
4. 穿过排水沟,按沟壁外缘以外加1m。

四、电缆保护管埋地敷设时,其土方量有施工图注明的,按施工图计算;无施工图的,一般按沟深0.9m,沟宽按最外边的保护管两侧边缘外各加0.3m工作面计算。

五、电缆敷设按单根长度计算。

六、电缆敷设长度应根据敷设路径的水平和垂直敷设长度,另加下表规定的预留长度:

预 留 长 度

序号	项目	预留长度	说明
1	电缆敷设弛度、波形弯度、交叉	附加系数2.5%	按电缆全长计算
2	电缆进入灯杆接线盒内	2.0m	规范规定最小值
3	电缆进入沟内或吊架时引上预留	1.5m	规范规定最小值
4	电缆终端头	1.5m	检修余量
5	电缆中间头	两端各留2.0m	检修余量
6	高压开关柜	2.0m	柜下进出线

说明:电缆附加及预留长度是电缆敷设长度的组成部分,应计入电缆长度工程量之内。

七、电缆终端头及中间头均以“个”为单位计算。一根电缆按两个终端头,中间头设计有图示的,按图示确定;没有图示的,按实际计算。

一、电缆沟铺砂盖板、揭盖板

工作内容：调整电缆间距，铺砂，盖砖，盖保护板，埋设标桩，揭盖盖板。 **计量单位：**100m

编号			8-3-1	8-3-2	8-3-3	8-3-4	8-3-5	8-3-6	8-3-7
项目			铺砂盖砖		铺砂、盖保护板		揭盖盖板（板长 mm 以下）		
			1~2 根	每增 1 根	1~2 根	每增 1 根	500	1 000	1 500
名称		单位	消耗量						
人工	合计工日	工日	3.758	1.004	3.758	1.004	5.292	8.960	12.629
	普工	工日	3.758	1.004	3.758	1.004	5.292	8.960	12.629
材料	标准砖 240×115×53	千块	0.814	0.412	—	—	—	—	—
	砂子（中粗砂）	m^3	9.626	3.605	9.626	3.605	—	—	—
	混凝土标桩 1 200×100×100	个	4.040	—	4.040	—	—	—	—
	混凝土保护板 300×150×30	块	—	—	—	324.000	—	—	—
	混凝土保护板 300×250×30	块	—	—	374.000	—	—	—	—

二、电缆保护管敷设

工作内容：测位，沟底夯实，锯管，接口，敷设，刷漆。 **计量单位：**10m

编号				8-3-8	8-3-9	8-3-10
项目				铸铁管	混凝土管	
				公称直径（mm 以下）		
				150	100	200
名称			单位	消耗量		
人工	合计工日		工日	0.806	0.632	1.233
	其中	普工	工日	0.177	0.139	0.271
		一般技工	工日	0.540	0.423	0.826
		高级技工	工日	0.088	0.069	0.136
材料	水泥 P·O 42.5		t	0.005	0.006	0.012
	砂子（中粗砂）		m^3	0.050	0.050	0.099
	镀锌铁丝 ϕ2.5~4.0		kg	1.100	1.132	1.132
	油麻丝		kg	0.500	—	—
	沥青漆		kg	0.800	—	—
	其他材料费		%	1.50	1.50	1.50

注：电缆保护管按实际发生计算。

三、铜芯电缆敷设

工作内容：开盘，检查，架线盘，敷设，锯断，排列，整理，固定，收盘，临时封头，挂牌。 **计量单位：**100m

编号				8-3-11	8-3-12	8-3-13	8-3-14	8-3-15
项目				水平敷设（截面 mm^2 以内）				
				35	50	70	120	240
名称			单位	消耗量				
人工	合计工日		工日	3.593	3.902	4.590	6.476	9.099
	其中	普工	工日	0.791	0.859	1.010	1.425	2.002
		一般技工	工日	2.407	2.614	3.075	4.339	6.096
		高级技工	工日	0.395	0.429	0.505	0.712	1.001
材料	铜芯电缆		m	(101.000)	(101.000)	(101.000)	(101.000)	(101.000)
	汽油（综合）		kg	0.750	0.770	0.800	0.950	1.040
	镀锌铁丝 ϕ1.2~2.2		kg	0.329	0.350	0.400	0.463	0.494
	标志牌 塑料扁形		个	6.000	6.000	6.000	6.000	6.000
	橡皮垫 δ2		m^2	0.070	0.070	0.070	0.070	0.070
	封铅 含铅 65% 锡 35%		kg	1.020	1.020	1.300	1.550	2.020
	沥青绝缘漆		kg	0.100	0.100	0.100	0.150	0.200
	硬脂酸一级		kg	0.050	0.050	0.060	0.080	0.100
	镀锌电缆吊挂 3×50		套	7.110	7.110	7.110	6.700	—
	镀锌电缆吊挂 3×100		套	—	—	—	—	6.210
	合金钢钻头 ϕ10		个	0.160	0.160	0.160	0.140	—
	镀锌电缆卡子 2×35		套	23.400	23.400	23.400	—	—
	镀锌电缆卡子 3×50		套	—	—	—	22.300	—
	镀锌电缆卡子 3×100		套	—	—	—	—	21.400
	镀锌六角螺栓带螺母 M8×80		套	30.600	30.600	30.600	30.600	—
	镀锌六角螺栓带螺母 M10×80		套	—	—	—	—	42.800
	膨胀螺栓 M10×80		10个	1.600	1.600	1.500	1.400	—
	其他材料费		%	1.50	1.50	1.50	1.50	1.50
机械	汽车式起重机 8t		台班	0.009	0.009	0.009	0.062	—
	汽车式起重机 12t		台班	—	—	—	—	0.248
	载重汽车 5t		台班	0.009	0.009	0.009	0.063	0.251

工作内容：开盘，检查，架线盘，敷设，锯断，排列，整理，固定，收盘，临时封头，挂牌。　**计量单位：**100m

编　号				8-3-16	8-3-17	8-3-18	8-3-19	8-3-20
项　目				竖直通道电缆(截面 mm^2 以内)				
				35	50	70	120	240
名　称			单位	消　耗　量				
人工	合计工日		工日	15.515	16.650	20.340	24.181	32.925
	其中	普工	工日	3.414	3.663	4.475	5.320	7.243
		一般技工	工日	10.395	11.156	13.628	16.202	22.060
		高级技工	工日	1.706	1.832	2.237	2.660	3.622
材料	铜芯电缆		m	(101.000)	(101.000)	(101.000)	(101.000)	(101.000)
	汽油(综合)		kg	0.750	0.750	0.800	0.950	1.040
	镀锌铁丝 ϕ1.2~2.2		kg	3.087	3.087	3.087	3.499	3.705
	标志牌 塑料扁形		个	6.000	6.000	6.000	6.000	6.000
	橡皮垫 δ2		m^2	0.150	0.160	0.180	0.260	0.320
	封铅 含铅 65% 锡 35%		kg	1.020	1.100	1.200	1.550	2.020
	沥青绝缘漆		kg	0.100	0.100	0.110	0.150	0.200
	硬脂酸一级		kg	0.050	0.050	0.060	0.080	0.100
	合金钢钻头 ϕ10		个	0.240	0.240	0.240	0.240	0.080
	镀锌电缆卡子 2×35		套	171.000	171.000	171.000	—	—
	镀锌电缆卡子 3×50		套	—	—	—	171.000	—
	镀锌电缆卡子 3×100		套	—	—	—	—	171.000
	镀锌六角螺栓带螺母 M8×80		套	102.000	102.000	102.000	102.000	—
	镀锌六角螺栓带螺母 M10×80		套	—	—	—	—	260.000
	膨胀螺栓 M10×80		10个	24.000	24.000	24.000	24.000	8.000
	其他材料费		%	1.50	1.50	1.50	1.50	1.50
机械	汽车式起重机 8t		台班	0.088	0.095	0.095	0.372	—
	汽车式起重机 12t		台班	—	—	—	—	0.619
	载重汽车 5t		台班	0.009	0.009	0.009	0.063	0.251

四、电缆终端头制作、安装

1. 干包式电力电缆终端头制作、安装

工作内容：定位，量尺寸，锯断，剥护套，焊接地线，装手套包缠绝缘，安装固定。　　**计量单位：**个

编　号				8-3-21	8-3-22	8-3-23	8-3-24	8-3-25
项　目				1kV 以下（截面 mm^2 以内）				
				35	50	70	120	240
名　称			单位	消　耗　量				
人工	合计工日		工日	0.331	0.360	0.450	0.541	0.704
	其中	一般技工	工日	0.109	0.119	0.149	0.178	0.232
		高级技工	工日	0.222	0.241	0.302	0.363	0.472
材料	汽油（综合）		kg	0.300	0.310	0.310	0.350	0.400
	镀锡裸铜软绞线 TJRX 16~25mm^2		kg	0.200	0.200	0.210	0.250	0.350
	固定卡子 3×80		套	2.060	2.060	2.060	2.060	2.060
	塑料手套 ST 型		个	1.050	1.050	1.050	1.050	1.050
	焊锡		kg	0.050	0.050	0.060	0.100	0.200
	焊锡膏		kg	0.010	0.010	0.010	0.020	0.040
	电力复合脂		kg	0.030	0.035	0.038	0.050	0.080
	自粘性橡胶带 20mm×5m		卷	0.600	0.600	0.600	0.800	1.000
	塑料带 20mm×40m		kg	0.140	0.140	0.140	0.450	0.700
	镀锌六角螺栓带螺母 M10×80		套	9.000	9.000	9.000	4.000	4.000
	镀锌六角螺栓带螺母 M12×50		套	—	—	—	5.000	7.000
	其他材料费		%	1.50	1.50	1.50	1.50	1.50

2. 浇注式电缆终端头制作、安装

工作内容：定位，量尺寸，锯断，剥切，焊接地线，缠涂绝缘层，压接线柱，装终端盒，配料浇注。　**计量单位：**个

编　号				8-3-26	8-3-27	8-3-28	8-3-29	8-3-30
项　目				浇注式 10kV 以下（截面 mm^2 以内）				
				35	50	70	120	240
名　称			单位	消　耗　量				
人工	合计工日		工日	0.434	0.451	0.473	0.636	0.771
	其中	一般技工	工日	0.143	0.149	0.156	0.210	0.254
		高级技工	工日	0.291	0.302	0.317	0.426	0.517
材料	户外终端盒 35~240mm^2		套	(1.020)	(1.020)	(1.020)	(1.020)	(1.020)
	石英粉 100 目		kg	2.500	2.500	2.600	3.600	4.200
	汽油（综合）		kg	0.800	0.850	0.900	1.050	1.200
	镀锡裸铜软绞线 TJRX 16~25mm^2		kg	0.200	0.200	0.220	0.300	0.350
	固定卡子 3×80		套	2.040	2.040	2.040	2.040	2.040
	定相带		个	0.300	0.300	0.350	0.650	1.020
	相色带 20mm×20m		卷	0.100	0.110	0.120	0.160	0.200
	焊锡		kg	0.050	0.050	0.060	0.100	0.200
	焊锡膏		kg	0.010	0.010	0.010	0.020	0.040
	电力复合脂		kg	0.030	0.030	0.040	0.050	0.080
	自粘性橡胶带 20mm×5m		卷	0.500	0.600	0.800	1.200	2.050
	环氧树脂		kg	2.500	2.500	2.800	3.600	4.200
	聚酰胺树脂		kg	1.000	1.100	1.150	1.400	1.600
	封铅 含铅 65% 锡 35%		kg	1.310	1.400	1.500	1.750	2.030
	铝扎索管 35mm^2		m	3.150	—	—	—	—
	铝扎索管 50mm^2		个	—	3.150	—	—	—
	铝扎索管 70mm^2		个	—	—	3.150	—	—
	铝扎索管 120mm^2		个	—	—	—	3.150	—
	铝扎索管 240mm^2		个	—	—	—	—	3.150
	镀锌六角螺栓带螺母 M10×80		套	8.160	8.160	8.160	4.080	4.080
	镀锌六角螺栓带螺母 M12×80		套	—	—	—	4.080	4.080
	其他材料费		%	1.50	1.50	1.50	1.50	1.50

3. 热缩式电缆终端头制作、安装

工作内容： 定位，量尺寸，锯断，剥切清洗，内屏蔽层处理，焊接地线，套热缩管，装终端盒，安装。

计量单位：个

编号			单位	8-3-31	8-3-32	8-3-33	8-3-34	8-3-35
项目				热缩式（截面 mm^2 以内）				
				35	50	70	120	240
名称			单位	消耗量				
人工	合计工日		工日	0.391	0.405	0.439	0.573	0.695
	其中	一般技工	工日	0.129	0.134	0.145	0.189	0.229
		高级技工	工日	0.262	0.271	0.294	0.384	0.466
材料	户外终端盒 35~240mm^2		套	(1.020)	(1.020)	(1.020)	(1.020)	(1.020)
	汽油（综合）		kg	0.800	0.850	0.900	1.050	1.200
	镀锡裸铜软绞线 TJRX 16~25mm^2		kg	0.200	0.200	0.220	0.250	0.350
	固定卡子 3×80		套	2.040	2.040	2.040	2.040	2.040
	定相带		个	0.160	0.170	0.200	0.280	0.400
	相色带 20mm×20m		卷	0.100	0.110	0.120	0.160	0.200
	焊锡		kg	0.050	0.050	0.060	0.100	0.200
	焊锡膏		kg	0.010	0.010	0.010	0.020	0.040
	电力复合脂		kg	0.030	0.030	0.040	0.050	0.080
	自粘性橡胶带 20mm×5m		卷	0.500	0.060	0.080	1.200	2.050
	镀锌六角螺栓带螺母 M10×80		套	8.160	8.160	8.160	4.080	4.080
	镀锌六角螺栓带螺母 M12×80		套	—	—	—	4.080	4.080
	其他材料费		%	1.50	1.50	1.50	1.50	1.50

五、电缆中间头制作、安装

1. 干包式电力电缆中间头制作

工作内容：定位，量尺寸，锯断，剥护套及绝缘层，焊接地线，清洗，包缠绝缘，压连接管安装，接线。

计量单位：个

编　号				8-3-36	8-3-37	8-3-38	8-3-39	8-3-40
项　目				干包中间头 1kV 以下（截面 mm^2 以内）				
				35	50	70	120	240
名　称			单位	消　耗　量				
人工	合计工日		工日	0.644	0.720	0.855	1.058	1.371
	其中	一般技工	工日	0.212	0.238	0.283	0.349	0.453
		高级技工	工日	0.431	0.482	0.573	0.709	0.918
材料	汽油（综合）		kg	0.400	0.400	0.500	0.600	0.800
	镀锡裸铜软绞线 TJRX 16~25mm^2		kg	0.250	0.250	0.250	0.250	0.350
	焊锡		kg	0.050	0.050	0.060	0.100	0.200
	焊锡膏		kg	0.010	0.010	0.010	0.020	0.040
	电力复合脂		kg	0.030	0.035	0.040	0.050	0.080
	自粘性橡胶带 20mm × 5m		卷	1.200	1.300	1.400	1.800	2.500
	封铅 含铅 65% 锡 35%		kg	0.360	0.400	0.450	0.590	0.710
	塑料带 20mm × 40m		kg	0.300	0.350	0.450	0.650	1.120
	铝压接管 35mm^2		个	3.760	—	—	—	—
	铝压接管 50mm^2		个	—	3.760	—	—	—
	铝压接管 70mm^2		个	—	—	3.760	—	—
	铝压接管 120mm^2		个	—	—	—	3.760	—
	铝压接管 240mm^2		个	—	—	—	—	3.760
	其他材料费		%	1.50	1.50	1.50	1.50	1.50
机械	液压压接机 100t		台班	—	—	—	—	0.088

2. 浇注式电缆中间头制作、安装

工作内容：定位，量尺寸，锯断，剥切，压边接管，包缠涂绝缘层，焊接地线，封铅管式装连接盒，配料浇注。

计量单位：个

编号				8-3-41	8-3-42	8-3-43	8-3-44	8-3-45
项目				1kV 以下（截面 mm^2 以内）				
				35	50	70	120	240
名称			单位	消耗量				
人工	合计工日		工日	0.812	0.882	0.990	1.287	1.660
	其中	一般技工	工日	0.268	0.291	0.327	0.425	0.548
		高级技工	工日	0.544	0.591	0.663	0.862	1.112
材料	电缆中间接头盒 35~400mm^2		套	(1.010)	(1.010)	(1.010)	(1.010)	(1.010)
	石英粉 100 目		kg	0.500	0.520	0.600	0.800	1.200
	汽油（综合）		kg	0.500	0.550	0.580	0.700	0.900
	镀锡裸铜软绞线 TJRX 16~25mm^2		kg	0.250	0.250	0.260	0.300	0.350
	固定卡子 3×80		套	2.040	2.040	2.040	2.040	2.040
	相色带 20mm×20m		卷	0.100	0.120	0.130	0.160	0.200
	焊锡		kg	0.050	0.050	0.070	0.100	0.200
	焊锡膏		kg	0.010	0.010	0.010	0.020	0.040
	电力复合脂		kg	0.030	0.030	0.040	0.050	0.080
	自粘性橡胶带 20mm×5m		卷	0.500	0.550	0.700	1.200	2.050
	环氧树脂		kg	0.400	0.450	0.500	0.700	1.000
	聚酰胺树脂		kg	0.160	0.180	0.200	0.280	0.400
	封铅 含铅 65% 锡 35%		kg	0.360	0.400	0.450	0.590	0.710
	沥青绝缘漆		kg	4.000	4.200	4.500	6.000	8.000
	硬脂酸一级		kg	0.030	0.030	0.033	0.040	0.050
	塑料带 20mm×40m		kg	0.300	0.320	0.380	0.500	0.700
	镀锌六角螺栓带螺母 M8×80		套	4.080	4.080	4.080	4.080	4.080
	铝压接管 35mm^2		个	3.760	—	—	—	—
	铝压接管 50mm^2		个	—	3.760	—	—	—
	铝压接管 70mm^2		个	—	—	3.760	—	—
	铝压接管 120mm^2		个	—	—	—	3.760	—
	铝压接管 240mm^2		个	—	—	—	—	3.760
	其他材料费		%	1.50	1.50	1.50	1.50	1.50

工作内容： 定位，量尺寸，锯断，剥切，压边接管，包缠涂绝缘层，焊接地线，封铅管式装连接盒，配料浇注。

计量单位： 个

编号				8-3-46	8-3-47	8-3-48	8-3-49	8-3-50
项目				10kV 以下（截面 mm^2 以内）				
				35	50	70	120	240
名称			单位	消耗量				
人工	合计工日		工日	1.004	1.080	1.260	1.552	1.978
	其中	一般技工	工日	0.331	0.356	0.416	0.512	0.653
		高级技工	工日	0.673	0.724	0.844	1.040	1.326
材料	电缆中间接头盒 35~400mm²		套	（1.010）	（1.010）	（1.010）	（1.010）	（1.010）
	石英粉 100 目		kg	0.600	0.700	0.750	1.000	1.500
	汽油（综合）		kg	0.600	0.600	0.650	0.800	1.000
	镀锡裸铜软绞线 TJRX 16~25mm²		kg	0.250	0.260	0.270	0.300	0.350
	固定卡子 3×80		套	2.040	2.040	2.040	2.040	2.040
	相色带 20mm×20m		卷	0.100	0.120	0.130	0.160	0.200
	焊锡		kg	0.050	0.050	0.060	0.100	0.200
	焊锡膏		kg	0.010	0.010	0.010	0.020	0.040
	电力复合脂		kg	0.030	0.030	0.030	0.050	0.080
	自粘性橡胶带 20mm×5m		卷	11.000	12.000	13.000	17.000	18.000
	环氧树脂		kg	0.500	0.600	0.700	0.800	1.400
	聚酰胺树脂		kg	0.200	0.200	0.200	0.300	0.650
	封铅 含铅 65% 锡 35%		kg	0.440	0.490	0.520	0.640	0.790
	沥青绝缘漆		kg	5.000	5.000	5.500	7.000	9.000
	硬脂酸一级		kg	0.030	0.030	0.350	0.040	0.050
	镀锌六角螺栓带螺母 M8×80		套	4.080	4.080	4.080	4.080	4.080
	定相带		个	0.300	0.350	0.380	0.500	0.700
	铝箔带 30×0.08		m	15.000	15.000	15.000	15.000	18.000
	双面半导体布带 20mm×5m		m	15.000	15.000	15.000	15.000	18.000
	铝压接管 35mm²		个	3.060	—	—	—	—
	铝压接管 50mm²		个	—	3.060	—	—	—
	铝压接管 70mm²		个	—	—	3.060	—	—
	铝压接管 120mm²		个	—	—	—	3.060	—
	铝压接管 240mm²		个	—	—	—	—	3.060
	其他材料费		%	1.50	1.50	1.50	1.50	1.50

3. 热缩式电缆中间头制作、安装

工作内容： 定位，量尺寸，锯断，剥切清洗，内屏蔽层处理，焊接地线，套热缩管，压接线端子，加热成形，安装。

计量单位：个

编号				8-3-51	8-3-52	8-3-53	8-3-54	8-3-55
项目				1kV 以下（截面 mm^2 以内）				
				35	50	70	120	240
名称			单位	消耗量				
人工	合计工日		工日	0.812	0.864	0.990	1.287	1.660
	其中	一般技工	工日	0.268	0.285	0.327	0.425	0.548
		高级技工	工日	0.544	0.579	0.663	0.862	1.112
材料	电缆中间接头盒 35~400mm^2		套	（1.020）	（1.020）	（1.020）	（1.020）	（1.020）
	汽油（综合）		kg	0.500	0.500	0.550	0.700	0.900
	镀锡裸铜软绞线 TJRX 16~25mm^2		kg	0.250	0.260	0.260	0.300	0.350
	固定卡子 3×80		套	2.040	2.040	2.040	2.040	2.040
	相色带 20mm×20m		卷	0.100	0.110	0.120	0.160	0.200
	焊锡		kg	0.050	0.060	0.070	0.100	0.200
	焊锡膏		kg	0.010	0.010	0.010	0.020	0.040
	电力复合脂		kg	0.030	0.030	0.035	0.050	0.080
	自粘性橡胶带 20mm×5m		卷	0.500	0.600	0.700	1.200	2.050
	沥青绝缘漆		kg	4.000	4.300	4.800	6.000	8.000
	塑料带 20mm×40m		kg	0.300	0.300	0.350	0.500	0.700
	镀锌六角螺栓带螺母 M8×80		套	4.080	4.080	4.080	4.080	4.080
	铝压接管 35mm^2		个	3.760	—	—	—	—
	铝压接管 70mm^2		个	—	3.760	—	—	—
	铝压接管 50mm^2		个	—	—	3.760	—	—
	铝压接管 120mm^2		个	—	—	—	3.760	—
	铝压接管 240mm^2		个	—	—	—	—	3.760
	其他材料费		%	1.50	1.50	1.50	1.50	1.50

工作内容：定位，量尺寸，锯断，剥切清洗，内屏蔽层处理，焊接地线，套热缩管，压接线端子，加热成形，安装。

计量单位：个

编号			8-3-56	8-3-57	8-3-58	8-3-59	8-3-60
项目			10kV 以下（截面 mm^2 以内）				
			35	50	70	120	240
名称		单位	消耗量				
人工	合计工日	工日	1.004	1.080	1.215	1.552	1.978
其中	一般技工	工日	0.331	0.356	0.401	0.512	0.653
	高级技工	工日	0.673	0.724	0.815	1.040	1.326
材料	电缆中间接头盒 35~400mm^2	套	（1.020）	（1.020）	（1.020）	（1.020）	（1.020）
	汽油（综合）	kg	0.600	0.600	0.650	0.800	1.000
	镀锡裸铜软绞线 TJRX 16~25mm^2	kg	0.250	0.260	0.260	0.300	0.350
	固定卡子 3×80	套	2.040	2.040	2.040	2.060	2.060
	相色带 20mm×20m	卷	0.300	0.330	0.350	0.500	0.700
	焊锡	kg	0.050	0.600	0.700	0.100	0.200
	焊锡膏	kg	0.010	0.010	0.140	0.020	0.040
	电力复合脂	kg	0.030	0.300	0.350	0.050	0.080
	自粘性橡胶带 20mm×5m	卷	0.500	0.500	0.600	1.200	2.050
	沥青绝缘漆	kg	5.000	5.500	5.800	7.000	9.000
	镀锌六角螺栓带螺母 M8×80	套	4.080	4.080	4.080	4.100	4.100
	铝压接管 35mm^2	个	3.060	—	—	—	—
	铝压接管 50mm^2	个	—	3.060	—	—	—
	铝压接管 70mm^2	个	—	—	3.060	—	—
	铝压接管 120mm^2	个	—	—	—	3.060	—
	铝压接管 240mm^2	个	—	—	—	—	3.060
	其他材料费	%	1.50	1.50	1.50	1.50	1.50

六、电缆穿刺线夹安装

工作内容：定位，量尺寸，剥保护层，安装，包缠绝缘封堵。　　　　计量单位：个

编号				8-3-61	8-3-62	8-3-63	8-3-64
项目				电缆穿刺线夹（截面 mm^2 以下）			
				16	35	70	120
名称			单位	消耗量			
人工	合计工日		工日	0.108	0.206	0.279	0.333
	其中	普工	工日	0.023	0.045	0.061	0.073
		一般技工	工日	0.073	0.138	0.187	0.223
		高级技工	工日	0.012	0.023	0.031	0.037
材料	线夹		只	（1.000）	（1.000）	（1.000）	（1.000）
	电力复合脂		kg	0.010	0.010	0.010	0.010
	自粘性橡胶带 20mm×5m		卷	0.100	0.150	0.150	0.200
	塑料带 20mm×40m		kg	0.040	0.040	0.080	0.110
	固定卡子 3×80		套	0.520	0.520	0.520	0.520
	其他材料费		%	5.00	5.00	5.00	5.00

注：密封材料按实际发生计算，其他不变。

工作内容：定位，量尺寸，剥保护层，安装，包缠绝缘封堵。　　　　计量单位：个

编号				8-3-65	8-3-66	8-3-67	8-3-68
项目				电缆穿刺线夹（截面 mm^2 以下）			
				150	185	240	400
名称			单位	消耗量			
人工	合计工日		工日	0.378	0.432	0.504	0.990
	其中	普工	工日	0.083	0.095	0.111	0.218
		一般技工	工日	0.253	0.290	0.338	0.663
		高级技工	工日	0.041	0.048	0.056	0.109
材料	线夹		只	（1.000）	（1.000）	（1.000）	（1.000）
	电力复合脂		kg	0.020	0.020	0.020	0.020
	自粘性橡胶带 20mm×5m		卷	0.221	0.221	0.250	0.400
	塑料带 20mm×40m		kg	0.140	0.160	0.180	0.240
	固定卡子 3×80		套	0.520	0.520	0.520	0.520
	其他材料费		%	5.00	5.00	5.00	5.00

注：密封材料按实际发生计算，其他不变。

七、电缆井设置

工作内容：1. 挖土方，运构件，坑底平整夯实，拼装壁、底、盖，回填夯实，余土外运，清理现场。
2. 调制砂浆，砌砖，搭拆简易脚手架，材料运输等。
3. 调制砂浆，铺灰，安装。

编　号				8-3-69	8-3-70	8-3-71	8-3-72	8-3-73
项　目				预制混凝土井安装	砖砌井		井盖安装	
					圆形	矩形	铸铁盖、座	混凝土盖、座
				座	m^3		套	
名　称			单位	消　耗　量				
人工	合计工日		工日	0.698	3.133	2.886	0.397	0.367
	其中	普工	工日	0.154	0.689	0.635	0.087	0.081
		一般技工	工日	0.467	2.099	1.934	0.266	0.246
		高级技工	工日	0.077	0.345	0.318	0.044	0.041
材料	铸铁井盖井座		套	—	—	—	（1.010）	—
	混凝土井盖井座		套	—	—	—	—	（1.030）
	预制混凝土井		套	（1.010）	—	—	—	—
	六角螺母 M12		10个	0.800	—	—	—	—
	砌筑水泥砂浆 M7.5		m^3	—	0.324	0.257	0.028	0.028
	标准砖 240×115×53		块	—	508.922	531.417	—	—
	木模板		m^3	—	0.005	0.005	—	—
	其他材料费		%	—	1.50	1.50	1.50	1.50
机械	载重汽车 5t		台班	0.029	0.001	0.001	—	—
	机动翻斗车 1t		台班	—	0.023	0.019	—	—

第四章　配管配线工程

说　　明

一、本章包括电线管敷设，钢管敷设，塑料管敷设，管内穿线，塑料护套线明敷设，钢索架设，母线拉紧装置及钢索拉紧装置制作、安装，接线箱安装，接线盒安装，开关、按钮、插座安装，带形母线安装，带形母线引下线安装等项目。

二、本章未包括钢索架设及拉紧装置，接线箱（盒），支架的制作、安装，其费用另行计算。

三、本章控制柜、箱进出线管安装适用于杆上、落地等各种形式。

四、本章接线盒适用于各种形式接线盒安装，安装费用综合考虑，执行时换算主材价格，其他不变。

工程量计算规则

一、管内穿线工程量计算，应区别线路性质、导线材质、导线截面积，按单线路长度计算。线路的分支接头线的长度已综合考虑，不再计算接头长度。

二、塑料护套线明敷设工程量计算应区别导线截面积、导线芯数，敷设位置，按单线路长度计算。

三、各种配管的工程量计算应区别不同敷设方式、敷设位置、管材材质、规格，以“m”为单位计算。不扣除管路中间的接线箱（盒）、灯盒、开关盒所占长度。

四、钢索架设工程量计算应区分圆钢、钢索直径，按图示设计尺寸以长度计算，不扣除拉紧装置所占长度。

五、母线拉紧装置及钢索拉紧装置制作、安装工程量计算应区别母线截面积、花篮螺栓直径以“10套”为单位计算。

六、带形母线安装工程量计算应区分母线材质、母线截面积、安装位置，按长度计算。

七、接线盒安装工程量计算应区别安装形式，以及接线盒类型，以“10个”为单位计算。

八、开关、插座、按钮等的预留线已分别综合在相应项目内，不另行计算。

一、电线管敷设

1. 砖混凝土结构明、暗配

工作内容：测位，划线，打眼，埋螺栓，锯管，套丝，煨弯，配管，接地，刷漆。　　**计量单位：**100m

编　号			8-4-1	8-4-2	8-4-3	8-4-4	8-4-5	8-4-6
项　目			砖、混凝土结构明配			砖、混凝土结构暗配		
			电线管公称直径（mm 以内）					
			20	32	50	20	32	50
名　称		单位	消　耗　量					
人工	合计工日	工日	6.164	6.645	8.329	3.296	5.135	7.006
	其中 普工	工日	2.034	2.192	2.749	1.087	1.695	2.312
	其中 一般技工	工日	4.130	4.452	5.580	2.209	3.441	4.694
材料	电线管 TC20	m	103.000	—	—	103.000	—	—
	电线管 TC32	m	—	103.000	—	—	103.000	—
	电线管 TC50	m	—	—	103.000	—	—	103.000
	钢锯条	条	2.600	1.800	2.000	2.600	1.800	2.000
	厚漆各色 Y02-1	kg	0.613	1.105	1.638	0.050	0.100	0.151
	冲击钻头 ϕ12	个	1.940	1.150	0.910	—	—	—
	镀锌管接头（金属软管）*DN*20	个	25.750	—	—	25.750	—	—
	镀锌管接头（金属软管）*DN*32	个	—	25.750	—	—	25.750	—
	镀锌内接头 *DN*50	个	—	—	25.750	—	—	25.750
	锁紧螺母 M20×1.5	个	16.056	—	—	16.056	—	—
	锁紧螺母 M32×1.5	个	—	16.056	—	—	16.056	—
	锁紧螺母 M50×1.5	个	—	—	16.056	—	—	16.056
	电线管用塑料护口 ϕ15~20	个	—	—	—	15.450	—	—
	电线管用塑料护口 ϕ25~32	个	—	—	—	—	15.450	—
	电线管用塑料护口 ϕ40~50	个	—	—	—	—	—	15.450
	管卡子（电线管用）15~20	个	144.200	—	—	—	—	—
	管卡子（电线管用）25~32	个	—	85.490	—	—	—	—
	管卡子（电线管用）40~50	个	—	—	67.890	—	—	—
	木螺钉 *d*4×65	10个	29.121	17.260	6.860	—	—	—
	塑料胀管 ϕ8×50	个	294.000	174.300	69.300	—	—	—
	钢筋 ϕ5.5	kg	0.930	0.830	2.410	0.930	0.830	2.410
	电焊条 L-60 ϕ3.2	kg	0.860	0.770	1.280	0.860	0.770	1.280
	醇酸防锈漆	kg	1.770	1.840	1.750	—	—	—
	溶剂汽油 200#	kg	0.280	0.450	0.670	—	—	—
	清油	kg	0.275	0.441	0.657	—	—	—
	镀锌铁丝 ϕ1.2~2.2	kg	0.257	0.257	0.257	0.257	0.257	0.257
	沥青漆	kg	—	0.530	0.630	—	0.530	0.630
	焦炭	kg	—	5.000	10.000	—	5.000	10.000
	木柴	kg	—	1.000	2.500	—	1.000	2.500
	膨胀螺栓 M6×50	10个	—	—	6.739	—	—	—
	砂子（中粗砂）	m^3	—	0.020	0.032	—	0.020	0.032
	其他材料费	%	1.50	1.50	1.50	1.50	1.50	1.50
机械	交流弧焊机 21kV·A	台班	0.398	0.354	0.593	0.442	0.354	0.619
	电焊条烘干箱 55×45×55（cm^3）	台班	0.040	0.035	0.059	0.042	0.035	0.062
	吹风机 4m^3/min	台班	—	0.062	0.212	—	0.062	0.212
	电动弯管机 108mm	台班	—	0.040	0.088	—	0.040	0.088

2. 钢结构支架、钢索配管

工作内容：测位，划线，打眼，上卡子，安装支架，锯管，套丝，煨弯配管，接地，刷漆。　**计量单位：**100m

编号				8-4-7	8-4-8	8-4-9	8-4-10	8-4-11
项目				钢结构支架配管			钢索配管	
				电线管公称直径（mm 以内）				
				20	32	50	20	32
名称			单位	消耗量				
人工	合计工日		工日	4.823	6.970	8.708	6.880	8.546
	其中	普工	工日	1.591	2.300	2.874	2.271	2.820
		一般技工	工日	3.232	4.669	5.834	4.609	5.726
材料	电线管 TC20		m	103.000	—	—	103.000	—
	电线管 TC32		m	—	103.000	—	—	103.000
	电线管 TC50		m	—	—	103.000	—	—
	砂子（中粗砂）		m^3	—	0.020	0.032	—	0.020
	镀锌管接头（金属软管）*DN*20		个	25.750	—	—	25.750	—
	镀锌管接头（金属软管）*DN*32		个	—	25.750	—	—	25.750
	镀锌管接头（金属软管）*DN*50		个	—	—	25.750	—	—
	锁紧螺母 M20×1.5		个	16.056	—	—	16.056	—
	锁紧螺母 M32×1.5		个	—	16.056	—	—	16.056
	锁紧螺母 M50×1.5		个	—	—	16.056	—	—
	电线管用塑料护口 ϕ15~20		个	15.450	—	—	15.450	—
	电线管用塑料护口 ϕ25~32		个	—	15.450	—	—	15.450
	电线管用塑料护口 ϕ40~50		个	—	—	15.450	—	—
	管卡子（电线管用）15~20		个	123.600	—	—	133.900	—
	管卡子（电线管用）25~32		个	—	85.490	—	—	103.000
	管卡子（电线管用）40~50		个	—	—	67.980	—	—
	半圆头螺钉 M6×12		套	249.600	172.640	137.280	135.200	104.000
	钢筋 ϕ5.5		kg	0.930	0.830	2.410	0.930	0.830
	电焊条 L-60 ϕ3.2		kg	0.860	0.770	1.280	0.860	0.770
	镀锌铁丝 ϕ1.2~2.2		kg	0.257	0.257	0.257	0.257	0.257
	钢锯条		条	2.600	1.800	2.000	2.600	1.800
	醇酸防锈漆		kg	1.770	1.840	2.750	1.170	1.840
	溶剂汽油 200#		kg	0.280	0.450	0.670	0.280	0.450
	厚漆各色 Y02-1		kg	0.613	1.105	1.638	0.613	1.105
	清油		kg	0.275	0.441	0.657	0.275	0.441
	沥青漆		kg	—	0.530	0.630	—	0.530
	焦炭		kg	—	5.000	10.000	—	5.000
	木柴		kg	—	1.000	2.500	—	1.000
	其他材料费		%	1.50	1.50	1.50	1.50	1.50
机械	交流弧焊机 21kV·A		台班	0.398	0.354	0.593	0.398	0.354
	电焊条烘干箱 55×45×55（cm^3）		台班	0.040	0.035	0.059	0.040	0.035
	吹风机 $4m^3$/min		台班	—	0.062	0.212	—	0.062
	电动弯管机 108mm		台班	—	0.040	0.088	—	0.040

二、钢 管 敷 设

1. 镀锌钢管地埋敷设

工作内容：钢管内和管口去毛刺，套丝，敷设管子（包括连接，在井口锯断，去毛刺焊接地螺栓，弯管）。

计量单位：100m

		编号		8-4-12	8-4-13	8-4-14	8-4-15
		项目		钢管公称直径（mm 以内）			
				20	32	50	70
		名称	单位	消耗量			
人工		合计工日	工日	3.753	4.691	6.645	9.303
	其中	普工	工日	1.238	1.548	2.193	3.070
		一般技工	工日	2.515	3.143	4.452	6.233
材料		镀锌钢管 DN20	m	（104.000）	—	—	—
		镀锌钢管 DN32	m	—	（104.000）	—	—
		镀锌钢管 DN50	m	—	—	（104.000）	—
		镀锌钢管 DN70	m	—	—	—	（104.000）
		镀锌六角螺栓带螺母 M12×40	套	33.660	33.660	33.660	33.660
		硬铜绞线 TJ-16mm^2	m	19.920	19.920	19.920	19.920
		镀锌管接头（金属软管）DN20	个	16.480	—	—	—
		镀锌管接头（金属软管）DN32	个	—	16.480	—	—
		镀锌管接头（金属软管）DN50	个	—	—	16.480	—
		镀锌管接头（金属软管）DN70	个	—	—	—	15.450
		钢管用塑料护口 ϕ15~20	个	15.450	—	—	—
		镀锌铁丝 ϕ1.2~2.2	kg	0.679	0.679	0.679	0.679
		钢管塑料护口 25~32	个	—	15.450	—	—
		钢管塑料护口 40~50	个	—	—	15.450	—
		钢管塑料护口 70	个	—	—	—	15.450
		锁紧螺母 M20×3	个	16.056	—	—	—
		锁紧螺母 M32×3	个	—	16.056	—	—
		锁紧螺母 M50×3	个	—	—	16.056	—
		锁紧螺母 M70×3	个	—	—	—	16.056
		醇酸防锈漆	kg	0.810	1.380	2.250	3.350
		钢锯条	条	3.000	2.000	3.000	3.000
		电焊条 L-60 ϕ3.2	kg	0.690	0.900	1.130	1.360
		溶剂汽油 200$^{\#}$	kg	0.210	0.350	0.560	0.860
		其他材料费	%	1.50	1.50	1.50	1.50
机械		交流弧焊机 21kV·A	台班	0.310	0.416	0.522	0.628
		电焊条烘干箱 55×45×55（cm^3）	台班	0.031	0.042	0.052	0.063
		电动弯管机 108mm	台班	—	0.040	0.088	0.186
		吹风机 4m^3/min	台班	—	0.062	0.106	0.345

工作内容：钢管内和管口去毛刺，套丝，敷设管子（包括连接，在井口锯断，去毛刺焊接地螺栓，弯管）。

计量单位：100m

编号				8-4-16	8-4-17	8-4-18
项目				钢管公称直径（mm 以内）		
				100	150	200
名称			单位	消耗量		
人工	合计工日		工日	10.749	12.361	13.974
	其中	普工	工日	3.547	4.079	4.611
		一般技工	工日	7.202	8.282	9.363
材料	镀锌钢管 *DN*100		m	（104.000）	—	—
	镀锌钢管 *DN*150		m	—	（104.000）	—
	镀锌钢管 *DN*200		m	—	—	（104.000）
	镀锌六角螺栓带螺母 M12×40		套	33.660	33.660	33.660
	硬铜绞线 TJ–16mm^2		m	19.920	19.920	19.920
	镀锌铁丝 ϕ1.2~2.2		kg	0.679	0.679	0.679
	钢管用塑料护口 ϕ100		个	15.450	—	—
	钢管塑料护口 100~200		个	—	15.450	15.450
	锁紧螺母		个	16.056	16.056	16.056
	醇酸防锈漆		kg	4.520	4.520	4.520
	钢锯条		条	4.500	4.500	4.500
	电焊条 L–60 ϕ3.2		kg	1.360	1.360	1.360
	溶剂汽油 200$^{\#}$		kg	1.130	1.130	1.130
	其他材料费		%	1.50	1.50	1.50
机械	交流弧焊机 21kV·A		台班	0.628	0.722	0.817
	电焊条烘干箱 55×45×55（cm^3）		台班	0.063	0.072	0.082
	电动弯管机 108mm		台班	0.212	0.244	0.276
	吹风机 4m^3/min		台班	0.513	0.590	0.667

2. 砖、混凝土结构明配

工作内容：测位，划线，打眼，埋螺栓锯管套丝，煨弯，配管，接地刷漆。　　**计量单位：**100m

编　号				8-4-19	8-4-20	8-4-21	8-4-22	8-4-23
项　目				钢管公称直径（mm 以内）				
				20	32	50	70	100
名　称			单位	消　耗　量				
人工	合计工日		工日	7.662	9.364	12.196	17.933	27.007
	其中	普工	工日	2.528	3.090	4.025	5.918	8.913
		一般技工	工日	5.134	6.274	8.171	12.015	18.095
材料	镀锌钢管 DN20		m	(104.000)	—	—	—	—
	镀锌钢管 DN32		m	—	(104.000)	—	—	—
	镀锌钢管 DN50		m	—	—	(104.000)	—	—
	镀锌钢管 DN70		m	—	—	—	(104.000)	—
	镀锌钢管 DN100		m	—	—	—	—	(104.000)
	镀锌管接头（金属软管）DN20		个	16.480	—	—	—	—
	镀锌管接头（金属软管）DN32		个	—	16.480	—	—	—
	镀锌管接头（金属软管）DN50		个	—	—	16.480	—	—
	镀锌管接头（金属软管）DN70		个	—	—	—	15.450	—
	锁紧螺母 M20×3		个	16.056	—	—	—	—
	锁紧螺母 M32×3		个	—	16.056	—	—	—
	锁紧螺母 M50×3		个	—	—	16.056	—	—
	锁紧螺母 M70×3		个	—	—	—	16.056	—
	锁紧螺母 M100×3		个	—	—	—	—	16.056
	钢管用塑料护口 ϕ15~20		个	15.450	—	—	—	—
	钢管塑料护口 25~32		个	—	15.450	—	—	—
	钢管塑料护口 40~50		个	—	—	15.450	—	—
	钢管塑料护口 80		个	—	—	—	15.450	—
	钢管用塑料护口 ϕ100		个	—	—	—	—	15.450
	镀锌管卡子 3×20		个	123.600	—	—	—	—
	镀锌管卡子 3×32		个	—	85.490	—	—	—
	镀锌管卡子 3×50		个	—	—	67.980	—	—
	镀锌管卡子 3×75		个	—	—	—	51.500	—
	镀锌管卡子 ϕ100~150		个	—	—	—	—	51.500
	木螺钉 d4×65		10个	24.960	17.260	6.834	—	—
	钢筋 ϕ5.5		kg	0.730	0.900	2.780	4.310	4.310
	电焊条 L-60 ϕ3.2		kg	0.690	0.900	1.130	1.360	1.360
	镀锌铁丝 ϕ1.2~2.2		kg	0.679	0.679	0.679	0.679	0.679
	钢锯条		条	3.000	2.000	3.000	3.000	4.500
	醇酸防锈漆		kg	2.000	3.210	5.000	7.380	9.660
	溶剂汽油 200#		kg	0.490	0.800	1.230	1.790	2.360
	厚漆各色 Y02-1		kg	0.613	1.105	1.638	2.070	2.733
	清油		kg	0.275	0.441	0.657	0.912	1.226
	塑料胀管 ϕ8×50		个	252.000	174.300	69.300	—	—
	冲击钻头 ϕ12		个	1.660	1.150	0.920	0.680	0.680
	沥青漆		kg	—	0.530	0.630	0.880	1.140
	焦炭		kg	—	5.000	10.000	17.500	27.500
	木柴		kg	—	1.000	2.500	2.500	5.000
	砂子（中粗砂）		m^3	—	0.020	0.035	0.079	0.149
	膨胀螺栓 M6×50		10个	—	—	6.732	10.200	10.200
	其他材料费		%	1.50	1.50	1.50	1.50	1.50
机械	交流弧焊机 21kV·A		台班	0.310	0.416	0.522	0.628	0.628
	电焊条烘干箱 55×45×55（cm^3）		台班	0.031	0.042	0.052	0.063	0.063
	吹风机 $4m^3$/min		台班	—	0.062	0.106	0.345	0.513
	电动弯管机 108mm		台班	—	0.040	0.088	0.186	0.212

3. 砖、混凝土结构暗配

工作内容：测位，划线，锯管套丝，煨弯，配管，接地刷漆。 **计量单位：**100m

编号				8-4-24	8-4-25	8-4-26	8-4-27	8-4-28
项目				钢管公称直径（mm 以内）				
				20	32	50	70	100
名称			单位	消耗量				
人工	合计工日		工日	4.077	5.280	9.183	13.308	21.511
	其中	普工	工日	1.346	1.742	3.030	4.392	7.098
		一般技工	工日	2.732	3.538	6.152	8.916	14.413
材料	镀锌钢管 DN20		m	（104.000）	—	—	—	—
	镀锌钢管 DN32		m	—	（104.000）	—	—	—
	镀锌钢管 DN50		m	—	—	（104.000）	—	—
	镀锌钢管 DN70		m	—	—	—	（104.000）	—
	镀锌钢管 DN100		m	—	—	—	—	（104.000）
	镀锌管接头（金属软管）DN20		个	16.480	—	—	—	—
	镀锌管接头（金属软管）DN32		个	—	16.480	—	—	—
	镀锌管接头（金属软管）DN50		个	—	—	16.480	—	—
	镀锌管接头（金属软管）DN70		个	—	—	—	15.450	—
	钢管用塑料护口 ϕ15~20		个	15.450	—	—	—	—
	钢管塑料护口 25~32		个	—	15.450	—	—	—
	钢管塑料护口 40~50		个	—	—	15.450	—	—
	钢管塑料护口 70		个	—	—	—	15.450	—
	钢管用塑料护口 ϕ100		个	—	—	—	—	15.450
	锁紧螺母 M20×3		个	16.056	—	—	—	—
	锁紧螺母 M32×3		个	—	16.056	—	—	—
	锁紧螺母 M50×3		个	—	—	16.056	—	—
	锁紧螺母 M70×3		个	—	—	—	16.056	—
	锁紧螺母 M100×3		个	—	—	—	—	16.056
	钢筋 ϕ5.5		kg	0.730	0.900	2.780	4.310	4.310
	电焊条 L-60 ϕ3.2		kg	0.690	0.900	1.130	1.360	1.360
	镀锌铁丝 ϕ1.2~2.2		kg	0.679	0.679	0.679	0.679	0.679
	钢锯条		条	3.000	2.000	3.000	3.000	4.500
	醇酸防锈漆		kg	0.810	1.380	2.250	3.350	4.520
	溶剂汽油 200#		kg	0.210	0.350	0.560	0.860	1.130
	沥青漆		kg	—	0.530	0.630	0.880	1.140
	焦炭		kg	—	5.000	10.000	17.500	27.500
	木柴		kg	—	1.000	2.500	2.500	5.000
	砂子（中粗砂）		m^3	—	0.020	0.035	0.079	0.149
	其他材料费		%	1.50	1.50	1.50	1.50	1.50
机械	交流弧焊机 21kV·A		台班	0.310	0.416	0.522	0.628	0.628
	电焊条烘干箱 55×45×55（cm^3）		台班	0.031	0.042	0.053	0.063	0.063
	吹风机 4m^3/min		台班	—	0.062	0.106	0.345	0.513
	电动弯管机 108mm		台班	—	0.040	0.088	0.186	0.212

4. 钢结构支架配管

工作内容：测位，划线，打眼，安装支架，上卡子，锯管套丝，煨弯，配管，接地，刷漆。　**计量单位：**100m

编号			8-4-29	8-4-30	8-4-31	8-4-32	8-4-33
项目			钢管公称直径（mm 以内）				
			20	32	50	70	100
名称		单位	消耗量				
人工	合计工日	工日	5.575	6.880	11.174	16.610	25.377
	其中 普工	工日	1.840	2.271	3.687	5.481	8.375
	其中 一般技工	工日	3.735	4.609	7.486	11.129	17.003
材料	镀锌钢管 *DN*20	m	（104.000）	—	—	—	—
	镀锌钢管 *DN*32	m	—	（104.000）	—	—	—
	镀锌钢管 *DN*50	m	—	—	（104.000）	—	—
	镀锌钢管 *DN*70	m	—	—	—	（104.000）	—
	镀锌钢管 *DN*100	m	—	—	—	—	（104.000）
	镀锌管接头（金属软管）*DN*20	个	16.480	—	—	—	—
	镀锌管接头（金属软管）*DN*32	个	—	16.480	—	—	—
	镀锌管接头（金属软管）*DN*50	个	—	—	16.480	—	—
	镀锌管接头（金属软管）*DN*70	个	—	—	—	15.450	—
	锁紧螺母 M20×3	个	16.056	—	—	—	—
	镀锌螺母 M32×3	个	—	16.056	—	—	—
	锁紧螺母 M50×3	个	—	—	16.056	—	—
	锁紧螺母 M70×3	个	—	—	—	16.056	—
	锁紧螺母 M100×3	个	—	—	—	—	16.056
	电线管用塑料护口 ϕ15~20	个	15.450	—	—	—	—
	电线管用塑料护口 ϕ25~32	个	—	15.450	—	—	—
	电线管用塑料护口 ϕ40~50	个	—	—	15.450	—	—
	钢管塑料护口 80	个	—	—	—	15.450	—
	钢管用塑料护口 ϕ100	个	—	—	—	—	15.450
	镀锌管卡子 3×20	个	126.600	—	—	—	—
	镀锌管卡子 3×32	个	—	85.490	—	—	—
	镀锌管卡子 3×50	个	—	—	67.980	—	—
	镀锌管卡子 3×75	个	—	—	—	51.500	—
	镀锌管卡子 ϕ100~150	个	—	—	—	—	51.500
	半圆头螺钉 M6×12	套	249.600	172.640	137.280	104.000	104.000
	钢筋 ϕ5.5	kg	0.730	0.900	2.780	4.310	4.310
	电焊条 L-60 ϕ3.2	kg	0.690	0.900	1.130	1.360	1.360
	镀锌铁丝 ϕ1.2~2.2	kg	0.679	0.679	0.679	0.679	0.679
	钢锯条	条	3.000	2.000	3.000	3.000	4.500
	醇酸防锈漆	kg	2.000	3.210	5.000	7.380	9.660
	溶剂汽油 200#	kg	0.490	0.800	1.230	1.790	2.360
	厚漆各色 Y02-1	kg	0.613	1.105	1.638	2.070	2.733
	清油	kg	0.275	0.441	0.657	0.912	1.226
	沥青漆	kg	—	0.530	0.630	0.880	1.140
	焦炭	kg	—	5.000	10.000	17.500	27.500
	木柴	kg	—	1.000	2.500	2.500	5.000
	砂子（中粗砂）	m^3	—	0.020	0.035	0.079	0.149
	其他材料费	%	1.50	1.50	1.50	1.50	1.50
机械	交流弧焊机 21kV·A	台班	0.310	0.416	0.522	0.628	0.628
	电焊条烘干箱 55×45×55（cm^3）	台班	0.031	0.042	0.052	0.063	0.063
	吹风机 4m^3/min	台班	—	0.062	0.106	0.345	0.513
	电动弯管机 108mm	台班	—	0.040	0.088	0.186	0.212

三、塑料管敷设

1. 塑料管地埋敷设

工作内容：配管，锯管，煨弯，管口处理，接管，埋设，封管口。 **计量单位：**100m

编号				8-4-34	8-4-35	8-4-36	8-4-37	8-4-38	8-4-39	8-4-40
项目				硬塑料管公称直径（mm 以内）						
				32	50	70	80	100	150	200
名称			单位	消耗量						
人工	合计工日		工日	4.118	5.638	6.657	7.088	7.676	7.861	8.183
	其中	普工	工日	1.359	1.861	2.197	2.339	2.533	2.594	2.700
		一般技工	工日	2.759	3.777	4.460	4.749	5.143	5.267	5.483
材料	塑料管		m	(106.000)	(106.000)	(106.000)	(106.000)	(106.000)	(106.000)	(106.000)
	硬塑料管接头		个	(19.475)	(19.475)	(19.475)	(19.475)	(19.475)	(19.475)	(19.475)
	镀锌铁丝 ϕ1.2~2.2		kg	0.257	0.257	0.257	0.250	0.257	0.250	0.250
	钢锯条		条	1.000	1.000	1.500	1.500	1.500	1.500	1.500
	其他材料费		%	1.50	1.50	1.50	1.50	1.50	1.50	1.50
机械	载重汽车 4t		台班	0.179	0.269	0.358	0.403	0.493	0.627	0.762

2. 塑料波纹管地埋敷设

工作内容：检查及清扫管材，切管，安装，上胶圈，对口，调直。 **计量单位：**100m

编号				8-4-41	8-4-42	8-4-43	8-4-44	8-4-45	8-4-46
项目				管外径（mm 以内）					
				110	125	160	250	315	355
名称			单位	消耗量					
人工	合计工日		工日	3.623	4.136	5.238	8.937	10.670	12.839
	其中	普工	工日	1.196	1.365	1.729	2.949	3.521	4.237
		一般技工	工日	2.427	2.771	3.509	5.988	7.149	8.602
材料	橡胶圈		个	(3.075)	(3.075)	(3.075)	(3.075)	(3.075)	(3.075)
	难燃波纹管		m	(106.000)	(106.000)	(106.000)	(106.000)	(106.000)	(106.000)
	砂布		张	5.222	6.956	6.956	11.040	12.169	13.036
	润滑油		kg	0.735	0.798	1.008	0.141	1.410	1.809
机械	载重汽车 8t		台班	0.022	0.022	0.027	0.036	0.045	0.054

3. 塑料管砖、混凝土结构暗配及钢索配管

工作内容：测位，划线，打眼，埋螺栓，锯管，煨弯，配管，接管。 **计量单位：**100m

编号				8-4-47	8-4-48	8-4-49	8-4-50	8-4-51	8-4-52	8-4-53
项目				砖、混凝土暗配					钢索配管	
				硬质聚乙烯管公称直径（mm 以内）						
				20	32	50	70	100	20	32
名称			单位	消耗量						
人工	合计工日		工日	2.904	4.354	5.677	6.940	9.303	4.793	5.431
	其中	普工	工日	0.959	1.437	1.874	2.291	3.070	1.581	1.792
		一般技工	工日	1.946	2.917	3.803	4.649	6.233	3.211	3.639
材料	塑料管		m	(106.000)	(106.000)	(106.000)	(106.000)	(106.000)	(106.000)	(106.000)
	镀锌铁丝 ϕ1.2~2.2		kg	0.257	0.257	0.257	0.257	0.257	0.257	0.257
	钢锯条		条	1.000	1.000	1.000	1.500	1.500	1.000	1.000
	吊管卡子 20		个	—	—	—	—	—	164.800	—
	吊管卡子 32		个	—	—	—	—	—	—	119.480
	聚氯乙烯焊条 ϕ2.5		kg	0.220	0.240	0.480	0.490	0.520	0.240	0.240
	半圆头螺钉 M6×12		套	—	—	—	—	—	156.000	120.640
	其他材料费		%	1.50	1.50	1.50	1.50	1.50	1.50	1.50

4. 塑料管砖、混凝土结构明配

工作内容：测位，划线，打眼，埋螺栓，锯管，煨弯，配管，接管。　　　　**计量单位：**100m

编号				8-4-54	8-4-55	8-4-56	8-4-57	8-4-58
项目				硬质聚乙烯管公称直径（mm 以内）				
				20	32	50	70	100
名称			单位	消耗量				
人工	合计工日		工日	4.829	5.756	6.537	8.647	11.570
	其中	普工	工日	1.594	1.899	2.157	2.854	3.818
		一般技工	工日	3.236	3.857	4.379	5.793	7.753
材料	塑料管		m	(106.000)	(106.000)	(106.000)	(106.000)	(106.000)
	塑料管卡 FCL20		个	164.800	—	—	—	—
	塑料管卡 FCL32		个	—	119.480	—	—	—
	塑料管卡子 50		个	—	—	83.430	—	—
	塑料管卡子 70		个	—	—	—	66.950	—
	塑料管卡子 100		个	—	—	—	—	66.950
	塑料胀管 $\phi8\times50$		个	336.000	243.600	170.100	—	—
	木螺钉 $d4\times65$		10 个	33.252	24.072	16.830	—	—
	聚氯乙烯焊条 $\phi2.5$		kg	0.240	0.240	0.480	0.480	0.480
	镀锌铁丝 $\phi1.2\sim2.2$		kg	0.257	0.257	0.257	0.257	0.257
	钢锯条		条	1.000	1.000	1.000	1.500	1.500
	冲击钻头 $\phi12$		个	2.220	1.610	1.120	0.880	0.880
	膨胀螺栓 $M6\times50$		10 个	—	—	—	13.260	13.260
	其他材料费		%	1.50	1.50	1.50	1.50	1.50

四、管 内 穿 线

工作内容：穿引线，扫管，涂滑石粉，穿线，编号，接焊包头。　　　　**计量单位：**100m

编　号				8-4-59	8-4-60	8-4-61	8-4-62	8-4-63	8-4-64	8-4-65
项　目				照明线路						
				导线截面（mm^2 以内）						
				2.5	4	6	16	35	70	120
名　称			单位	消　耗　量						
人工	合计工日		工日	0.601	0.421	0.482	0.662	0.872	1.816	2.285
	其中	普工	工日	0.198	0.139	0.159	0.219	0.288	0.599	0.754
		一般技工	工日	0.403	0.283	0.322	0.443	0.584	1.217	1.531
材料	绝缘导线		m	(116.000)	(110.000)	(105.000)	(105.000)	(105.000)	(105.000)	(105.000)
	钢丝碳素		kg	0.092	0.133	0.102	0.133	0.143	0.245	0.255
	棉纱头		kg	0.200	0.200	0.300	0.400	0.500	0.600	0.700
	焊锡		kg	0.200	0.200	0.110	0.130	0.150	0.180	0.210
	焊锡膏		kg	0.010	0.010	0.010	0.020	0.030	0.050	0.070
	汽油（综合）		kg	0.500	0.500	0.600	0.700	0.800	0.900	1.000
	塑料胶布带 25mm×10m		卷	0.250	0.200	0.170	0.220	1.300	1.500	1.700
	其他材料费		%	1.50	1.50	1.50	1.50	1.50	1.50	1.50

五、塑料护套线明敷设

1. 砖、混凝土结构

工作内容：测位，划线，打眼，埋螺栓，下过墙管，上卡子，装盒子，配线，接焊包头。 **计量单位：**100m

编号				8-4-66	8-4-67	8-4-68	8-4-69	8-4-70	8-4-71
项目				二芯			三芯		
				导线截面（mm^2 以内）					
				2.5	6	10	2.5	6	10
名称			单位	消耗量					
人工	合计工日		工日	6.339	6.458	7.391	6.675	6.795	7.727
	其中	普工	工日	2.092	2.131	2.439	2.203	2.243	2.550
		一般技工	工日	4.247	4.327	4.952	4.472	4.553	5.178
材料	绝缘导线		m	(110.960)	(104.850)	(104.850)	(110.960)	(104.850)	(104.850)
	接线盒(50~70)×(50~70)×25		个	10.000	8.000	5.000	10.000	8.000	5.000
	直瓷管 ϕ(9~15)×305		个	15.450	12.360	12.360	18.540	—	—
	直瓷管 ϕ(10~16)×300		个	—	—	—	—	12.360	12.360
	钢精扎头 1#~5#		包	7.300	7.300	7.300	7.300	7.300	7.300
	鞋钉 20		kg	0.210	0.210	0.210	0.210	0.210	0.210
	木螺钉 $d4\times65$		10个	21.000	17.000	10.000	21.000	17.000	10.000
	水泥 P·O 32.5		kg	5.000	5.000	5.000	6.000	6.000	6.000
	其他材料费		%	1.50	1.50	1.50	1.50	1.50	1.50

2. 沿　钢　索

工作内容：测位，划线，上卡子，装盒子，配线，接焊包头。　　**计量单位：**100m

编　号				8-4-72	8-4-73	8-4-74	8-4-75	8-4-76	8-4-77
项　目				二芯			三芯		
				导线截面（mm^2 以内）					
				2.5	6	10	2.5	6	10
名　称			单位	消　耗　量					
人工	合计工日		工日	1.816	2.339	3.500	2.399	3.049	4.655
	其中	普工	工日	0.599	0.772	1.155	0.792	1.006	1.536
		一般技工	工日	1.217	1.567	2.345	1.607	2.043	3.119
材料	绝缘导线		m	(107.910)	(104.850)	(104.850)	(107.910)	(104.850)	(104.850)
	接线盒（50~70）×（50~70）×25		个	18.000	14.000	9.000	18.000	14.000	9.000
	钢精扎头 1#~5#		包	5.100	5.100	5.100	5.100	5.100	5.100
	半圆头螺钉 M6×20		套	55.080	42.840	27.540	55.080	55.080	27.540
	钢板 60×110×1.5		块	18.000	14.000	9.000	18.000	14.000	9.000
	其他材料费		%	1.50	1.50	1.50	1.50	1.50	1.50

3. 砖、混凝土结构粘接

工作内容：测位，划线，打眼，下过墙管，配料，粘接底板，上卡子，配线，接焊包头。　　**计量单位：**100m

编　号				8-4-78	8-4-79	8-4-80	8-4-81	8-4-82	8-4-83
项　目				二芯			三芯		
				导线截面（mm^2 以内）					
				2.5	6	10	2.5	6	10
名　称			单位	消　耗　量					
人工	合计工日		工日	3.698	4.072	5.238	3.848	4.919	6.530
	其中	普工	工日	1.220	1.344	1.729	1.270	1.624	2.155
		一般技工	工日	2.478	2.728	3.509	2.579	3.296	4.376
材料	绝缘导线		m	(110.960)	(104.850)	(104.850)	(110.850)	(104.850)	(104.850)
	直瓷管 ϕ(9~15)×305		个	15.450	12.360	12.360	18.540	—	—
	直瓷管 ϕ(10~16)×300		个	—	—	—	—	12.360	12.360
	钢精扎头 1#~5#		包	7.300	7.300	7.300	7.300	7.300	7.300
	钢筋扎头底板		kg	0.400	0.400	0.400	0.400	0.400	0.400
	胶合剂		kg	2.870	2.870	2.870	2.870	2.870	2.870
	其他材料费		%	1.50	1.50	1.50	1.50	1.50	1.50

六、钢索架设

工作内容：测位，断料，调直，架设，绑扎，拉紧，刷漆。 **计量单位：**100m

编号				8-4-84	8-4-85	8-4-86	8-4-87
项目				直径（mm以内）			
				圆钢		钢丝绳	
				ϕ6	ϕ10	ϕ6	ϕ9
名称			单位	消耗量			
人工	合计工日		工日	1.660	1.798	1.047	1.184
	其中	普工	工日	0.548	0.593	0.346	0.391
		一般技工	工日	1.112	1.205	0.701	0.794
材料	圆钢（综合）		t	0.023	0.065	—	—
	钢丝绳 ϕ6		m	—	—	106.537	—
	钢丝绳 ϕ9 绳 1×19		m	—	—	—	106.537
	钢线卡子 ϕ6		个	10.200	—	10.200	—
	钢线卡子 ϕ10~20		个	—	10.200	—	10.200
	铁件（综合）		kg	3.520	5.720	3.520	5.720
	镀锌六角螺栓带螺母 M6×40		套	19.500	—	19.500	—
	镀锌六角螺栓带螺母 M14×50		套	—	19.500	—	19.500
	厚漆各色 Y02-1		kg	0.643	0.884	—	—
	清油		kg	0.314	0.392	—	—
	钢锯条		条	0.500	0.500	0.500	0.500
	镀锌铁丝 ϕ1.2~2.2		kg	0.031	0.041	—	—
	溶剂汽油 200#		kg	—	—	0.500	0.500
	心形环		个	—	—	5.100	5.100
	其他材料费		%	1.50	1.50	1.50	1.50

七、母线拉紧装置及钢索拉紧装置制作、安装

工作内容：下料，钻眼，煨弯，组装，测位，打眼，埋螺栓，连接固定，刷漆。　　　　**计量单位：**100m

编号			8-4-88	8-4-89	8-4-90	8-4-91	8-4-92
项目			母线拉紧装置		钢索（钢绞线）拉紧装置		
			母线截面（mm^2 以内）		花篮螺栓直径（mm 以内）		
			500	1 200	12	16	20
名称		单位	消耗量				
人工	合计工日	工日	3.308	4.270	4.234	4.985	5.635
	其中 普工	工日	1.092	1.409	1.397	1.645	1.859
	其中 一般技工	工日	2.216	2.860	2.837	3.340	3.776
材料	热轧薄钢板 δ3.5	kg	42.150	51.650	—	—	—
	拉紧绝缘子 J-2	个	20.400	20.400	—	—	—
	花篮螺栓 M12×200	套	—	—	10.200	—	—
	花篮螺栓 M16×250	套	—	—	—	10.200	—
	花篮螺栓 M20×300	套	—	—	—	—	10.200
	电焊条 L-60 ϕ3.2	kg	0.250	0.250	—	—	—
	镀锌六角螺栓带螺母 M12×50	套	81.600	—	—	—	—
	镀锌六角螺栓带螺母 M16×200	套	—	81.600	—	—	—
	镀锌六角螺栓带螺母 M16×430	套	—	—	20.400	20.400	20.400
	双头螺栓 M16×340	套	10.200	10.200	—	—	—
	铁件（综合）	kg	—	—	9.290	11.150	13.940
	其他材料费	%	1.50	1.50	1.50	1.50	1.50
机械	交流弧焊机 21kV·A	台班	0.177	0.177	—	—	—
	电焊条烘干箱 55×45×55（cm^3）	台班	0.018	0.018	—	—	—
	台式钻床 16mm	台班	0.354	0.354	—	—	—

八、接线箱安装

工作内容：测位，打眼，埋螺栓，箱子开孔，刷漆，固定。　　**计量单位：**10 个

编号				8-4-93	8-4-94	8-4-95	8-4-96
项目				明装		暗装	
				接线箱半周长（mm 以内）			
				700	1 500	700	1 500
名称			单位	消耗量			
人工	合计工日		工日	5.737	7.758	6.375	9.743
	其中	普工	工日	1.893	2.561	2.103	3.215
		一般技工	工日	3.844	5.198	4.271	6.528
材料	接线箱（明装）700mm 以内		个	（10.000）	—	—	—
	接线箱（明装）1 500mm 以内		个	—	（10.000）	—	—
	接线箱（暗装）700mm 以内		个	—	—	（10.000）	—
	接线箱（暗装）1 500mm 以内		个	—	—	—	（10.000）
	地脚螺栓 M8×100		个	—	42.000	—	—
	地脚螺栓 M8×120		套	42.000	—	—	—
	沥青漆		kg	—	—	0.740	1.330
	其他材料费		%	1.50	1.50	1.50	1.50

九、接线盒安装

工作内容：测位，打眼，埋螺栓，箱子开孔，刷漆，固定。　　**计量单位：**10个

编号			单位	8-4-97	8-4-98	8-4-99	8-4-100
项目				暗装		明装	钢索上安装接线盒
				接线盒	开关盒	普通接线盒	
名称			单位	消耗量			
人工	合计工日		工日	0.387	0.412	0.688	0.215
	其中	普工	工日	0.128	0.136	0.227	0.071
		一般技工	工日	0.259	0.276	0.461	0.144
材料	钢索上安装接线盒		个	—	—	—	(10.100)
	接线盒 100×100×5		个	(10.100)	—	(10.100)	—
	开关盒(暗装)		个	—	(10.200)	—	—
	电线管用塑料护口 ϕ15~20		个	22.220	10.100	—	—
	锁紧螺母 M15×3		个	23.320	10.600	—	—
	半圆头螺钉 M4×30		套	—	—	20.400	—
	塑料胀管 ϕ8×50		个	—	—	20.200	—
	其他材料费		%	1.50	1.50	1.50	1.50

十、开关、按钮、插座安装

1. 开关、按钮安装

工作内容: 测位,划线,打眼,缠埋螺栓,清扫盒子,上木台,缠钢丝弹簧垫,安装开关、按钮,接线,安装盖。

计量单位:10套

编号				8-4-101	8-4-102	8-4-103	8-4-104
项目				板式开关暗装			
				单联	双联	三联	四联
名称			单位	消耗量			
人工	合计工日		工日	0.623	0.623	0.623	0.664
	其中	普工	工日	0.205	0.205	0.205	0.218
		一般技工	工日	0.418	0.418	0.418	0.446
材料	扳把暗装单联开关		套	(10.200)	—	—	—
	扳把暗装三联开关		套	—	(10.200)	—	—
	扳把暗装双联开关		套	—	—	(10.200)	—
	扳把暗装四联开关		套	—	—	—	(10.200)
	铜芯塑料绝缘电线 BV-2.5mm^2		m	3.050	4.580	6.110	7.640
	木螺钉 $d4 \times 50$		10个	0.204	0.204	0.204	0.204
	镀锌铁丝 $\phi1.4$		kg	0.103	0.103	0.103	0.103
	其他材料费		%	1.50	1.50	1.50	1.50

工作内容：测位，划线，打眼，缠埋螺栓，清扫盒子，上木台，缠钢丝弹簧垫，安装开关、按钮，接线，安装盖。

计量单位：10 套

编　号				8-4-105	8-4-106	8-4-107	8-4-108
项　目				扳把开关明装	拉线开关安装	一般按钮	
						明装	暗装
名　称			单位	消　耗　量			
人工	合计工日		工日	0.500	0.500	0.500	0.500
	其中	普工	工日	0.165	0.165	0.165	0.165
		一般技工	工日	0.335	0.335	0.335	0.335
材料	扳把明装开关		套	(10.200)	—	—	—
	单拉线单控开关		个	—	(10.200)	—	—
	控制按纽 LA2		个	—	—	(10.200)	—
	防水按钮 LN-10S 3P		个	—	—	—	(10.200)
	圆木台(63~138)×22		块	10.500	10.500	10.500	—
	铜芯塑料绝缘电线 BV-2.5mm^2		m	3.050	3.050	3.050	3.050
	木螺钉 $d4\times50$		10 个	4.080	4.080	2.040	—
	镀锌铁丝 $\phi1.4$		kg	0.103	0.103	0.103	0.103
	其他材料费		%	1.50	1.50	1.50	1.50

2. 插座安装

工作内容： 测位，划线，打眼，缠埋螺栓，清扫盒子，上木台，缠钢丝弹簧垫，安装插座，接线，安装盖。

计量单位： 10 个

编号			8-4-109	8-4-110	8-4-111	8-4-112	8-4-113	8-4-114
项目			明装插座					
			单相		单相三孔		三相四孔	
			15A	30A	15A	30A	15A	30A
名称		单位	消耗量					
人工	合计工日	工日	0.500	0.650	0.500	0.650	0.500	0.650
	其中 普工	工日	0.165	0.214	0.165	0.214	0.165	0.214
	其中 一般技工	工日	0.335	0.436	0.335	0.436	0.335	0.436
材料	明装插座单相二孔 15A 以内	套	(10.200)	—	—	—	—	—
	明装插座单相二孔 30A 以内	套	—	(10.200)	—	—	—	—
	明装插座单相三孔 15A 以内	套	—	—	(10.200)	—	—	—
	明装插座单相三孔 30A 以内	套	—	—	—	(10.200)	—	—
	明装插座三相四孔 15A 以内	套	—	—	—	—	(10.200)	—
	明装插座三相四孔 30A 以内	套	—	—	—	—	—	(10.200)
	圆木台（63~138）×22	块	10.500	10.500	10.500	10.500	10.500	10.500
	木螺钉 $d4 \times 50$	10 个	2.040	2.040	2.040	2.040	2.040	2.040
	木螺钉 $d6 \times 100$	10 个	2.040	2.040	2.040	2.040	2.040	2.040
	铜芯塑料绝缘电线 BV-2.5mm^2	m	3.050	—	4.580	4.580	6.100	—
	铜芯塑料绝缘电线 BV-6mm^2	m	—	3.050	—	4.580	—	6.100
	镀锌铁丝 $\phi1.4$	kg	0.103	0.103	—	—	0.103	0.103
	其他材料费	%	1.50	1.50	1.50	1.50	1.50	1.50

工作内容: 测位,划线,打眼,缠埋螺栓,清扫盒子,上木台,缠钢丝弹簧垫,安装插座,接线,安装盖。

计量单位: 10 个

编　号				8-4-115	8-4-116	8-4-117	8-4-118	8-4-119	8-4-120
项　目				暗装插座					
				单相		单相三孔		三相四孔	
				15A	30A	15A	30A	15A	30A
名　称			单位	消　耗　量					
人工	合计工日		工日	0.500	0.650	0.500	0.650	0.500	0.650
	其中	普工	工日	0.165	0.214	0.165	0.214	0.165	0.214
		一般技工	工日	0.335	0.436	0.335	0.436	0.335	0.436
材料	暗装地面插座 15A 以内		套	(10.200)	—	—	—	—	—
	暗装地面插座 30A 以内		套	—	(10.200)	—	—	—	—
	暗装插座单相三孔 15A 以内		套	—	—	(10.200)	—	—	—
	暗装插座单相三孔 30A 以内		套	—	—	—	(10.200)	—	—
	暗装插座三相四孔 15A 以内		套	—	—	—	—	(10.200)	—
	暗装插座三相四孔 30A 以内		套	—	—	—	—	—	(10.200)
	铜芯塑料绝缘电线 BV-2.5mm^2		m	3.050	—	4.580	—	6.101	—
	铜芯塑料绝缘电线 BV-6mm^2		m	—	3.050	—	4.580	—	6.100
	木螺钉 $d4 \times 50$		10 个	2.040	2.040	2.040	2.040	2.040	2.040
	木螺钉 $d6 \times 100$		10 个	2.040	2.040	2.040	2.040	2.040	2.040
	镀锌铁丝 $\phi1.4$		kg	0.103	0.103	—	—	0.103	0.103
	其他材料费		%	1.50	1.50	1.50	1.50	1.50	1.50

十一、带形母线安装

工作内容：平直，下料，煨弯，钻眼，安装固定，刷相色漆。　　　　**计量单位：**10 个 / 单项

编号			8-4-121	8-4-122	8-4-123	8-4-124
项目			带形铜母线安装		带形铝母线安装	
			每相一片（mm^2 以下）			
			360	800	360	800
名称		单位	消耗量			
人工	合计工日	工日	1.103	1.541	0.776	1.083
	其中 普工	工日	0.364	0.509	0.256	0.357
	其中 一般技工	工日	0.739	1.032	0.520	0.725
材料	氩气	m^3	0.840	0.900	0.700	0.700
	棉纱头	kg	0.050	0.060	0.040	0.060
	铁砂布 0#~2#	张	0.500	0.800	0.500	0.500
	钢锯条	条	0.700	1.000	0.500	0.500
	汽油（综合）	kg	0.320	0.400	—	—
	焊锡	kg	0.060	0.070	—	—
	焊锡膏	kg	0.020	0.020	—	—
	电力复合脂	kg	0.020	0.020	0.010	0.010
	酚醛磁漆	kg	0.350	0.450	0.350	0.450
	木工铅笔	支	0.280	0.420	—	—
	铈钨棒	g	8.400	8.400	—	—
	紫铜电焊条 T107 ϕ3.2	kg	0.440	0.510	—	—
	沉头螺钉 M16×25	10 个	0.720	0.720	0.714	0.714
	镀锌六角螺栓带螺母 M16×140	套	12.200	12.200	12.200	12.200
	绝缘清漆	kg	—	—	0.120	0.180
	铝焊条 L109 ϕ4	kg	—	—	0.140	0.140
	钍钨极棒	g	—	—	7.000	7.000
机械	氩弧焊机 500A	台班	0.124	0.150	0.088	0.088
	立式钻床 25mm	台班	0.035	0.035	0.009	0.009
	万能母线煨弯机	台班	0.620	0.873	0.533	0.786

十二、带形母线引下线安装

工作内容：平直，下料，煨弯，钻眼，安装固定，刷相色漆。　　　　**计量单位：**10个

编号				8-4-125	8-4-126	8-4-127	8-4-128
项目				带形铜母线安装		带形铝母线安装	
				每相一片（mm^2 以下）			
				360	800	360	800
名称			单位	消耗量			
人工	合计工日		工日	2.119	3.013	1.516	2.153
	其中	普工	工日	0.699	0.995	0.500	0.710
		一般技工	工日	1.419	2.019	1.015	1.443
材料	棉纱头		kg	0.050	0.060	0.050	0.080
	钢锯条		条	1.800	2.300	1.500	2.000
	汽油（综合）		kg	0.620	0.900	—	—
	焊锡		kg	0.480	0.560	—	—
	焊锡膏		kg	0.120	0.160	—	—
	电力复合脂		kg	0.120	0.160	0.050	0.080
	酚醛磁漆		kg	0.350	0.450	0.350	0.450
	木工铅笔		支	0.478	0.717	—	—
	沉头螺钉 M16×25		10个	0.714	0.714	0.714	0.714
	镀锌六角螺栓带螺母 M16×140		套	24.500	32.600	24.500	32.600
	铁砂布 0#~2#		张	—	—	0.500	1.000
	绝缘清漆		kg	—	—	0.120	0.150
机械	立式钻床 25mm		台班	0.265	0.283	0.142	0.177
	万能母线煨弯机		台班	0.620	0.873	0.533	0.786

第五章　照明器具安装工程

说　　明

一、本章包括单臂挑灯架安装、双臂悬挑灯架安装、广场灯架安装、高杆灯架安装、其他灯具安装、照明器件安装、太阳能电池板及蓄电池安装、杆座安装等项目。

二、各种灯柱、灯架、元器具件配线执行管内穿线相关项目。

三、本章灯架安装工程中高度 18m 以上为高杆灯架。

四、本章灯架安装不包括灯杆安装，灯杆安装执行第二章“10kV 以下架空线路工程”电杆组立相应项目。

五、本章已包括利用仪表测量绝缘及一般灯具的试亮工作。

六、本章未包括电缆接头的制作及导线的焊压接线端子。如实际使用时，执行相应项目。

七、本章未包括灯光调试费用，按实际发生计算。

工程量计算规则

一、各种悬挑灯、广场灯、高杆灯灯架分别以“10 套”“套”为单位计算。

二、各种灯具、照明器件安装分别以“10 套”“套”为单位计算。

三、灯杆座安装以“10 只”为单位计算。

一、单臂挑灯架安装

1. 抱　箍　式

工作内容：定位，抱箍灯架安装，接地。　　**计量单位：**10 套

编　号			8-5-1	8-5-2	8-5-3	8-5-4	8-5-5
项　目			单臂悬挑灯架抱杆式				
			单抱箍臂长（m）		双抱箍臂长（m）		
			1.2 以下	3 以下		5 以下	5 以上
名　称		单位	消　耗　量				
人工	合计工日	工日	2.272	4.964	6.616	7.605	8.752
人工	其中 普工	工日	0.750	1.638	2.184	2.510	2.888
人工	其中 一般技工	工日	1.522	3.326	4.433	5.095	5.864
材料	镀锌油漆单臂悬挑灯架	套	（10.000）	（10.000）	（10.000）	（10.000）	（10.000）
材料	镀锌大灯泡抱箍连压板	副	10.100	10.100	20.200	20.200	20.200
材料	镀锌半挑 8×50×400	块	—	—	10.400	10.400	10.400
材料	铁担针式瓷瓶 3#	个	—	—	20.600	20.600	20.600
材料	直脚 3#	个	20.200	20.200	—	—	—
材料	六角螺栓带螺母 M12×120	套	—	—	20.400	20.400	20.400
材料	六角螺栓带螺母 M16×60	套	—	—	40.800	40.800	40.800
材料	羊角熔断器 10A	个	10.100	10.100	10.300	10.100	10.100
材料	钢丝 ϕ2.0	kg	—	0.112	0.143	0.143	0.143
材料	电焊条 L-60 ϕ3.2	kg	—	—	0.200	0.200	0.200
材料	其他材料费	%	1.50	1.50	1.50	1.50	1.50
机械	载重汽车 4t	台班	0.448	0.448	0.448	0.448	0.448
机械	平台作业升降车 9m	台班	—	0.524	0.524	0.524	0.524
机械	交流弧焊机 21kV·A	台班	—	—	0.265	0.265	0.265
机械	电焊条烘干箱 55×45×55（cm^3）	台班	—	—	0.027	0.027	0.027

工作内容：定位，抱箍灯架安装，配线，接地。 **计量单位**：10套

编号				8-5-6	8-5-7	8-5-8	8-5-9	8-5-10	8-5-11
项目				单臂悬挑灯架抱杆式					
				双拉梗臂长（m）			双臂架臂长（m）		
				3以下	5以下	5以上	3以下	5以下	5以上
名称			单位	消耗量					
人工	合计工日		工日	8.270	9.507	10.939	7.440	8.560	9.844
	其中	普工	工日	2.729	3.137	3.610	2.455	2.825	3.249
		一般技工	工日	5.540	6.370	7.329	4.985	5.735	6.595
材料	成套马路弯灯架		套	(10.000)	(10.000)	(10.000)	—	—	—
	镀锌油漆单臂悬挑灯架		套	—	—	—	(20.000)	(20.000)	(20.000)
	镀锌拉线横担 L50×5×650		副	10.200	10.200	10.200	—	—	—
	镀锌横担抱箍		副	10.100	10.100	10.100	—	—	—
	镀锌大灯泡抱箍压板		副	10.100	10.100	10.100	20.200	20.200	20.200
	蝶式绝缘子 ED-3		个	20.400	20.400	20.400	20.400	20.400	20.400
	羊角熔断器 10A		个	10.100	10.100	10.100	10.100	10.100	10.100
	六角螺栓带螺母 M12×75		套	40.800	40.800	40.800	—	—	—
	六角螺栓带螺母 M12×120		套	20.400	20.400	20.400	20.400	20.400	20.400
	六角螺栓带螺母 M16×60		套	40.800	61.200	61.200	40.800	40.800	40.800
	其他材料费		%	1.50	1.50	1.50	1.50	1.50	1.50
机械	载重汽车 4t		台班	0.448	0.448	0.448	0.448	0.448	0.448
	平台作业升降车 9m		台班	0.524	0.655	0.786	0.524	0.524	0.524

2. 顶　套　式

工作内容：配件检查，安装，找正，螺栓固定，接地。　　　　**计量单位：**10 套

编　号				8-5-12	8-5-13	8-5-14	8-5-15	8-5-16	8-5-17
项　目				单臂悬挑灯架顶套式					
				成套型臂长（m）			组装型臂长（m）		
				3 以下	5 以下	5 以上	3 以下	5 以下	5 以上
名　称			单位	消　耗　量					
人工	合计工日		工日	3.998	5.703	6.565	4.276	6.100	7.025
	其中	普工	工日	1.319	1.882	2.167	1.411	2.013	2.318
		一般技工	工日	2.679	3.821	4.399	2.865	4.087	4.707
材料	镀锌油漆单臂悬挑灯架		套	(10.000)	(10.000)	(10.000)	(10.000)	(10.000)	(10.000)
	六角螺栓带螺母 M10×75		套	—	—	—	40.800	40.800	40.800
	六角螺栓带螺母 M12×55		套	40.800	40.800	40.800	40.800	40.800	40.800
	顶套		个	—	—	—	10.100	10.100	10.100
	其他材料费		%	1.50	1.50	1.50	1.50	1.50	1.50
机械	载重汽车 4t		台班	0.448	0.448	0.448	0.448	0.448	0.448
	平台作业升降车 9m		台班	0.437	0.437	0.480	0.437	0.437	0.480

二、双臂悬挑灯架安装

1. 成 套 型

工作内容：配件检查，定位安装，螺栓固定，接地。 **计量单位：**10套

编号				8-5-18	8-5-19	8-5-20	8-5-21	8-5-22	8-5-23
项目				双臂悬挑灯架对称式			双臂悬挑灯架非对称式		
				臂长（m）					
				2.5 以下	5 以下	5 以上	2.5 以下	5 以下	5 以上
名称			单位	消耗量					
人工	合计工日		工日	6.724	7.696	8.866	6.474	7.412	8.679
	其中	普工	工日	2.219	2.540	2.926	2.137	2.446	2.864
		一般技工	工日	4.505	5.156	5.940	4.338	4.966	5.815
材料	镀锌油漆双臂悬挑灯		套	(10.000)	(10.000)	(10.000)	(10.000)	(10.000)	(10.000)
	六角螺栓 M12×50		套	40.800	40.800	40.800	40.800	40.800	40.800
	钢丝 ϕ2.0		kg	0.509	1.124	1.431	0.509	1.124	1.431
	其他材料费		%	1.50	1.50	1.50	1.50	1.50	1.50
机械	载重汽车 4t		台班	0.448	0.448	0.448	0.448	0.448	0.448
	平台作业升降车 16m		台班	0.524	0.611	0.699	0.524	0.611	0.699

2.组 装 型

工作内容：配件检查，定位安装，螺栓固定，接地。 **计量单位：**10套

编号				8-5-24	8-5-25	8-5-26	8-5-27	8-5-28	8-5-29
项目				双臂悬挑灯架对称式			双臂悬挑灯架非对称式		
				臂长(m)					
				2.5以下	5以下	5以上	2.5以下	5以下	5以上
名称			单位	消耗量					
人工	合计工日		工日	7.673	8.820	10.155	7.310	8.400	9.672
	其中	普工	工日	2.532	2.910	3.352	2.412	2.772	3.192
		一般技工	工日	5.141	5.910	6.803	4.898	5.628	6.480
材料	镀锌油漆双臂悬挑灯		套	(10.000)	(10.000)	(10.000)	(10.000)	(10.000)	(10.000)
	顶套		个	11.000	11.000	11.000	11.000	11.000	11.000
	六角螺栓带螺母 M10×75		套	40.800	40.800	40.800	40.800	40.800	40.800
	六角螺栓带螺母 M12×65		套	40.800	40.800	40.800	40.800	40.800	40.800
	钢丝 ϕ2.0		kg	0.509	1.124	1.431	0.509	1.124	1.431
	其他材料费		%	1.50	1.50	1.50	1.50	1.50	1.50
机械	载重汽车 4t		台班	0.448	0.448	0.448	0.448	0.448	0.448
	平台作业升降车 16m		台班	0.611	0.699	0.786	0.611	0.699	0.786

三、广场灯架安装

1. 成　套　型

工作内容：灯架检查，测试定位，螺栓紧固，导线连接，接地，包头。　　　　**计量单位：**10套

编号			8-5-30	8-5-31	8-5-32	8-5-33	8-5-34	8-5-35
项目			灯高11m以下					
			灯火数（火）					
			7	9	12	15	20	25
名称		单位	消耗量					
人工	合计工日	工日	3.822	4.771	5.970	6.866	8.582	10.729
	其中 普工	工日	1.261	1.574	1.970	2.266	2.832	3.540
	其中 一般技工	工日	2.561	3.197	3.999	4.600	5.749	7.188
材料	广场灯架	套	(10.000)	(10.000)	(10.000)	(10.000)	(10.000)	(10.000)
	六角螺栓带螺母 M12×65	套	81.600	81.600	81.600	81.600	81.600	81.600
	钢丝 ϕ2.0	kg	0.509	0.509	0.509	0.509	0.509	0.509
	其他材料费	%	1.50	1.50	1.50	1.50	1.50	1.50
机械	载重汽车 4t	台班	0.448	0.448	0.448	0.448	0.448	0.448
	平台作业升降车 16m	台班	0.218	0.218	0.218	0.437	0.437	0.437
	汽车式起重机 8t	台班	0.221	0.221	0.221	0.221	0.221	0.221

工作内容：灯架检查，测试定位，配线安装，螺栓紧固，导线连接，接地，包头。　　**计量单位：**10套

编号				8-5-36	8-5-37	8-5-38	8-5-39	8-5-40	8-5-41
项目				灯高18m以下					
				灯火数（火）					
				7	9	12	15	20	25
名称			单位	消耗量					
人工	合计工日		工日	4.776	5.970	7.463	8.582	10.729	13.410
	其中	普工	工日	1.576	1.970	2.462	2.832	3.540	4.425
		一般技工	工日	3.200	3.999	5.001	5.749	7.188	8.985
材料	广场灯架		套	(10.000)	(10.000)	(10.000)	(10.000)	(10.000)	(10.000)
	六角螺栓带螺母 M12×65		套	81.600	81.600	81.600	81.600	81.600	81.600
	钢丝 ϕ2.0		kg	0.509	0.509	0.509	0.509	0.509	0.509
	其他材料费		%	1.50	1.50	1.50	1.50	1.50	1.50
机械	载重汽车 4t		台班	0.448	0.448	0.448	0.448	0.448	0.448
	平台作业升降车 20m		台班	0.218	0.218	0.218	0.437	0.437	0.437
	汽车式起重机 8t		台班	0.221	0.221	0.221	0.221	0.221	0.221

2.组　装　型

工作内容：灯架检查，测试定位，灯具组装，螺栓紧固，导线连接，接地，包头。　　**计量单位：**10套

编号				8-5-42	8-5-43	8-5-44	8-5-45	8-5-46	8-5-47
项目				灯高11m以下					
				灯火数（火）					
				7	9	12	15	20	25
名称			单位	消耗量					
人工	合计工日		工日	4.964	5.731	6.963	8.236	10.303	12.870
	其中	普工	工日	1.638	1.891	2.298	2.717	3.400	4.247
		一般技工	工日	3.326	3.839	4.666	5.518	6.903	8.622
材料	广场灯架		套	(10.000)	(10.000)	(10.000)	(10.000)	(10.000)	(10.000)
	六角螺栓带螺母 M12×65		套	81.600	81.600	81.600	81.600	81.600	81.600
	钢丝 ϕ2.0		kg	0.509	0.509	0.509	0.509	0.509	0.509
	其他材料费		%	1.50	1.50	1.50	1.50	1.50	1.50
机械	载重汽车 4t		台班	0.448	0.448	0.448	0.448	0.448	0.448
	平台作业升降车 16m		台班	0.218	0.218	0.218	0.437	0.437	0.437
	汽车式起重机 8t		台班	0.221	0.221	0.221	0.221	0.221	0.221

工作内容: 灯架检查,测试定位,灯具组装,螺栓紧固,导线连接,接地,包头。 **计量单位:** 10套

编号				8-5-48	8-5-49	8-5-50	8-5-51	8-5-52	8-5-53
项目				灯高18m以下					
				灯火数(火)					
				7	9	12	15	20	25
名称			单位	消耗量					
人工	合计工日		工日	6.202	7.162	8.956	10.297	12.876	16.091
	其中	普工	工日	2.047	2.364	2.955	3.398	4.249	5.310
		一般技工	工日	4.156	4.798	6.001	6.899	8.627	10.781
材料	广场灯架		套	(10.000)	(10.000)	(10.000)	(10.000)	(10.000)	(10.000)
	六角螺栓带螺母 M12×65		套	81.600	81.600	81.600	81.600	81.600	81.600
	钢丝 ϕ2.0		kg	0.509	0.509	0.509	0.509	0.509	0.509
	其他材料费		%	1.50	1.50	1.50	1.50	1.50	1.50
机械	载重汽车 4t		台班	0.448	0.448	0.448	0.448	0.448	0.448
	平台作业升降车 20m		台班	0.218	0.218	0.218	0.437	0.437	0.437
	汽车式起重机 8t		台班	0.221	0.221	0.221	0.221	0.221	0.221

四、高杆灯架安装

1. 成　套　型

工作内容：测位，划线，成套吊装，找正，螺栓紧固，接地，焊压包头。　　**计量单位**：10 套

编　号				8-5-54	8-5-55	8-5-56	8-5-57	8-5-58	8-5-59
项　目				灯盘固定式					
				灯火数（火）					
				12	18	24	36	48	60
名　称			单位	消　耗　量					
人工	合计工日		工日	14.750	16.227	17.845	19.634	21.593	23.758
	其中	普工	工日	4.867	5.355	5.889	6.480	7.126	7.840
		一般技工	工日	9.883	10.872	11.956	13.155	14.468	15.918
材料	高杆灯灯盘		套	(10.000)	(10.000)	(10.000)	(10.000)	(10.000)	(10.000)
	电焊条 L-60 ϕ3.2		kg	0.200	0.200	0.200	0.300	0.300	0.300
	其他材料费		%	1.50	1.50	1.50	1.50	1.50	1.50
机械	载重汽车 4t		台班	0.448	0.448	0.448	0.448	0.448	0.448
	平台作业升降车 20m		台班	0.437	0.437	0.437	0.873	0.873	0.873
	汽车式起重机 8t		台班	0.442	0.442	0.442	0.885	0.885	0.885
	交流弧焊机 21kV·A		台班	0.133	0.133	0.133	0.177	0.177	0.177
	电焊条烘干箱 55×45×55（cm^3）		台班	0.013	0.013	0.013	0.018	0.018	0.018

工作内容: 测位,划线,成套吊装,找正,螺栓紧固,配线,接地,焊压包头,传动装置安装,清洗上油,试验。

计量单位: 10套

编号			8-5-60	8-5-61	8-5-62	8-5-63	8-5-64	8-5-65
项目			灯盘升降式					
			灯火数(火)					
			12	18	24	36	48	60
名称		单位	消耗量					
人工	合计工日	工日	16.965	18.663	20.520	22.582	24.831	27.324
	其中 普工	工日	5.598	6.158	6.772	7.452	8.194	9.017
	其中 一般技工	工日	11.367	12.504	13.748	15.130	16.637	18.307
材料	升降传动装置	套	1.000	1.000	1.000	1.000	1.000	1.000
	高杆灯灯盘	套	(10.000)	(10.000)	(10.000)	(10.000)	(10.000)	(10.000)
	电焊条 L-60 ϕ3.2	kg	0.200	0.200	0.200	0.300	0.300	0.300
	煤油	kg	2.000	2.000	2.000	2.000	2.000	2.000
	黄油	kg	1.000	1.000	1.000	1.000	1.000	1.000
	凡士林	kg	0.300	0.300	0.300	0.500	0.500	0.500
	其他材料费	%	1.50	1.50	1.50	1.50	1.50	1.50
机械	载重汽车 4t	台班	0.448	0.448	0.448	0.448	0.448	0.448
	平台作业升降车 20m	台班	0.437	0.437	0.437	0.873	0.873	0.873
	汽车式起重机 8t	台班	0.442	0.442	0.442	0.885	0.885	0.885
	交流弧焊机 21kV·A	台班	0.133	0.133	0.133	0.177	0.177	0.177
	电焊条烘干箱 55×45×55(cm^3)	台班	0.013	0.013	0.013	0.018	0.018	0.018

2. 组　装　型

工作内容： 测位，划线，组合吊装，找正，螺栓紧固，接地，焊压包头。　　　**计量单位：** 10 套

编　号				8-5-66	8-5-67	8-5-68	8-5-69	8-5-70	8-5-71
项　目				灯盘固定式					
				灯火数（火）					
				12	18	24	36	48	60
名　称			单位	消　耗　量					
人工	合计工日		工日	15.488	17.038	18.737	20.617	22.673	24.950
	其中	普工	工日	5.111	5.623	6.183	6.803	7.482	8.233
		一般技工	工日	10.377	11.416	12.554	13.813	15.191	16.717
材料	高杆灯灯盘		套	(10.000)	(10.000)	(10.000)	(10.000)	(10.000)	(10.000)
	电焊条 L-60 ϕ3.2		kg	0.200	0.200	0.200	0.300	0.300	0.300
	其他材料费		%	1.50	1.50	1.50	1.50	1.50	1.50
机械	载重汽车 4t		台班	0.448	0.448	0.448	0.448	0.448	0.448
	平台作业升降车 20m		台班	0.437	0.437	0.437	0.873	0.873	0.873
	汽车式起重机 8t		台班	0.442	0.442	0.442	0.885	0.885	0.885
	交流弧焊机 21kV·A		台班	0.133	0.133	0.133	0.177	0.177	0.177
	电焊条烘干箱 55×45×55（cm^3）		台班	0.013	0.013	0.013	0.018	0.018	0.018

工作内容：测位，划线，成套吊装，找正，螺栓紧固，配线，接地，焊压包头，传动装置安装，清洗上油，试验。

计量单位：10套

编号				8-5-72	8-5-73	8-5-74	8-5-75	8-5-76	8-5-77
项目				灯盘升降式					
				灯火数（火）					
				12	18	24	36	48	60
名称			单位	消耗量					
人工	合计工日		工日	17.811	19.594	21.548	23.712	26.075	28.693
	其中	普工	工日	5.878	6.466	7.111	7.825	8.605	9.469
		一般技工	工日	11.933	13.128	14.437	15.887	17.470	19.224
材料	升降传动装置		套	1.000	1.000	1.000	1.000	1.000	1.000
	高杆灯灯盘		套	(10.000)	(10.000)	(10.000)	(10.000)	(10.000)	(10.000)
	电焊条 L-60 $\phi3.2$		kg	0.200	0.200	0.200	0.300	0.300	0.300
	煤油		kg	2.000	2.000	2.000	2.000	2.000	2.000
	黄油		kg	1.000	1.000	1.000	1.500	1.500	1.500
	凡士林		kg	0.300	0.300	0.300	0.500	0.500	0.500
	其他材料费		%	1.50	1.50	1.50	1.50	1.50	1.50
机械	载重汽车 4t		台班	0.448	0.448	0.448	0.448	0.448	0.448
	平台作业升降车 20m		台班	0.437	0.437	0.437	0.873	0.873	0.873
	汽车式起重机 8t		台班	0.442	0.442	0.442	0.885	0.885	0.885
	交流弧焊机 21kV·A		台班	0.133	0.133	0.133	0.177	0.177	0.177
	电焊条烘干箱 $55\times45\times55(cm^3)$		台班	0.013	0.013	0.013	0.018	0.018	0.018

五、其他灯具安装

工作内容：打眼，埋螺栓，支架安装，灯具组装，接线，焊接包头，校试。　　**计量单位**：10 套

编号				8-5-78	8-5-79	8-5-80	8-5-81
项目				桥栏杆灯			
				成套嵌入式	成套明装式	组装嵌入式	组装明装式
名称			单位	消耗量			
人工	合计工日		工日	3.817	3.056	4.572	3.669
	其中	普工	工日	1.260	1.008	1.509	1.210
		一般技工	工日	2.557	2.048	3.063	2.458
材料	成套灯具		套	(10.100)	(10.100)	(10.100)	(10.100)
	膨胀螺栓 M8×60		套	40.800	40.800	81.600	81.600
	其他材料费		%	1.50	1.50	1.50	1.50
机械	载重汽车 4t		台班	0.358	0.358	0.358	0.358

工作内容：打眼，埋螺栓，支架安装，灯具组装，接线，焊接包头，校试。　　**计量单位**：10 套

编号				8-5-82	8-5-83	8-5-84	8-5-85
项目				地道涵洞灯			
				吸顶式敞开型	吸顶式密封型	嵌入式敞开型	嵌入式密封型
名称			单位	消耗量			
人工	合计工日		工日	2.073	2.380	2.187	2.493
	其中	普工	工日	0.684	0.785	0.722	0.823
		一般技工	工日	1.389	1.595	1.465	1.670
材料	成套灯具		套	(10.100)	(10.100)	(10.100)	(10.100)
	膨胀螺栓 M8×60		套	40.800	40.800	40.800	40.800
	其他材料费		%	1.50	1.50	1.50	1.50
机械	平台作业升降车 9m		台班	0.349	0.349	0.349	0.349

六、照明器件安装

工作内容：开箱检查，固定，接线，焊包头，灯泡安装。　　**计量单位：**10套

编号			8-5-86	8-5-87	8-5-88	8-5-89	8-5-90	8-5-91
项目			碘钨灯	管形氙灯	投光灯	高压汞灯泡	高（低）压钠灯泡	白炽灯泡
名称		单位	消耗量					
人工	合计工日	工日	1.760	1.908	1.760	0.500	0.500	0.455
人工	其中 普工	工日	0.581	0.630	0.581	0.165	0.165	0.150
人工	其中 一般技工	工日	1.180	1.278	1.180	0.335	0.335	0.304
材料	灯泡	个	(10.100)	(10.100)	(10.100)	(10.100)	(10.100)	(10.100)
材料	六角螺栓带螺母 M10×75	套	—	—	40.800	—	—	—
材料	六角螺栓带螺母 M12×75	套	—	40.800	—	—	—	—
材料	沉头螺钉 M10×35	10个	4.080	4.080	—	—	—	—
材料	不锈钢板 δ8以内	t	—	0.025	0.008	—	—	—
材料	电焊条 L-60 ϕ3.2	kg	—	1.000	1.000	—	—	—
材料	其他材料费	%	1.50	1.50	1.50	1.50	1.50	1.50
机械	交流弧焊机 21kV·A	台班	—	0.531	0.531	—	—	—
机械	电焊条烘干箱 55×45×55（cm^3）	台班	—	0.053	0.053	—	—	—
机械	平台作业升降车 16m	台班	0.175	0.175	0.175	0.175	0.175	0.175

工作内容：开箱检查，固定，灯具组装，接线，焊包头，灯泡安装。　　**计量单位：**10套

编号			8-5-92	8-5-93	8-5-94	8-5-95	8-5-96
项目			照明灯具				
			敞开式	双光源式	密封式	普通	悬吊式
名称		单位	消耗量				
人工	合计工日	工日	0.568	0.994	0.625	0.568	1.806
人工	其中 普工	工日	0.187	0.328	0.207	0.187	0.596
人工	其中 一般技工	工日	0.381	0.666	0.418	0.381	1.210
材料	成套灯具	套	(10.000)	(10.000)	(10.000)	(10.000)	(10.000)
材料	镀锌悬吊铁件	kg	—	—	—	—	11.000
材料	蝶式绝缘子 ED-3	个	—	—	—	—	20.600
材料	六角螺栓带螺母 M12×75	套	—	—	—	—	20.400
材料	其他材料费	%	1.50	1.50	1.50	1.50	1.50
机械	平台作业升降车 16m	台班	0.262	0.437	0.349	0.262	0.437

工作内容：开箱检查，固定，接线，焊包头，安装。　　**计量单位：**10套

编　号				8-5-97	8-5-98	8-5-99	8-5-100
项　目				镇流器	触发器	电容器	风雨灯头
名　称			单位	消　耗　量			
人工	合计工日		工日	0.761	0.483	0.483	0.284
	其中	普工	工日	0.251	0.159	0.159	0.094
		一般技工	工日	0.510	0.324	0.324	0.190
材料	汞钠灯镇流器		套	(10.100)	—	—	—
	触发器		套	—	(10.000)	—	—
	电容器　400 W		套	—	—	(10.000)	—
	风雨灯头连铅吊环		套	—	—	—	(10.100)
	镇流器支架		块	10.100	—	—	—
	六角螺栓带螺母　M8×30		套	30.600	—	—	—
	其他材料费		%	1.50	1.50	1.50	1.50
机械	平台作业升降车　16m		台班	0.262	0.262	0.262	0.262

七、太阳能电池板及蓄电池安装

1. 太阳能电池板安装

工作内容：搬运，开箱，检查，支架固定，整理检查，连接与接线。 **计量单位：**块

编号				8-5-101	8-5-102	8-5-103
项目				路灯柱上安装（柱高 m 以下）		
				5	12	20
名称			单位	消耗量		
人工	合计工日		工日	0.159	0.239	0.319
	其中	普工	工日	0.053	0.079	0.105
		一般技工	工日	0.106	0.160	0.213
材料	白布		kg	0.500	0.500	0.500
	电气绝缘胶带 18mm×10m×0.13mm		卷	0.200	0.200	0.200
	铜芯橡皮绝缘电线 BX-2.5mm²		m	0.220	0.220	0.220
	其他材料费		%	2.00	2.00	2.00
机械	平台作业升降车 9m		台班	0.047	—	—
	平台作业升降车 16m		台班	—	0.056	—
	平台作业升降车 20m		台班	—	—	0.075
	汽车式起重机 8t		台班	—	—	0.025
	汽车式起重机 12t		台班	0.025	0.025	—
仪表	真有效值数据存储型万用表		台班	0.060	0.060	0.060

2. 蓄电池安装

工作内容：搬运，开箱，检查，支架固定，蓄电池就位，整理检查，连接与接线，护罩安装，标志标号。

计量单位：组件

编号				8-5-104	8-5-105	8-5-106	8-5-107	8-5-108
项目				蓄电池电压/容量				
				12V/ 100A·h	12V/ 200A·h	12V/ 290A·h	12V/ 500A·h	12V/ 570A·h
名称			单位	消耗量				
人工	合计工日		工日	0.354	0.371	0.388	0.446	0.510
	其中	普工	工日	0.117	0.122	0.128	0.147	0.168
		一般技工	工日	0.237	0.248	0.260	0.299	0.342
材料	三色塑料带 20mm×40m		m	0.110	0.110	0.110	0.110	0.110
	白布		kg	0.030	0.030	0.030	0.030	0.030
	膨胀螺栓 M14		10套	0.143	0.143	0.143	0.143	0.143
	合金钢钻头 $\phi16$		个	0.020	0.020	0.020	0.020	0.020
	钢锯条		条	0.300	0.300	0.300	0.300	0.300
	电力复合脂		kg	0.010	0.010	0.010	0.010	0.100
	肥皂水		kg	0.200	0.200	0.200	0.200	0.200
	其他材料费		%	1.80	1.80	1.80	1.80	1.80
机械	汽车式起重机 8t		台班	0.028	0.028	0.028	0.028	0.028
	载重汽车 5t		台班	0.028	0.028	0.028	0.028	0.028

八、杆 座 安 装

工作内容：座箱部件检查，安装，找正，箱体接地，接点防水，绝缘处理。 **计量单位：**10只

编号				8-5-109	8-5-110	8-5-111	8-5-112	8-5-113
项目				成套型		组装型		
				金属杆座	玻璃钢杆座	金属杆座	玻璃钢杆座	混凝土制件
名称			单位	消耗量				
人工	合计工日		工日	1.812	1.544	2.414	1.931	3.425
	其中	普工	工日	0.598	0.510	0.796	0.638	1.131
		一般技工	工日	1.214	1.034	1.618	1.294	2.294
材料	灯座箱		个	(10.000)	(10.000)	(10.000)	(10.000)	(10.000)
	六角螺栓带螺母 M8×30		套	30.600	20.400	30.600	20.400	20.400
	弹簧垫片(综合)		10个	1.020	—	1.020	—	—
	半硬塑料管 ϕ32		m	7.000	7.000	7.000	7.000	7.000
	其他材料费		%	1.50	1.50	1.50	1.50	1.50
机械	载重汽车 4t		台班	0.448	0.448	0.448	0.448	0.448

第六章　防雷接地装置工程

说　　明

一、本章包括接地极（板）制作、安装，接地母线敷设，接地跨接线安装，避雷针安装，避雷引下线敷设等项目。

二、本章适用于高杆灯杆防雷接地、变配电系统接地及避雷针接地装置。

三、接地母线敷设是按自然地坪和一般土质考虑，包括地沟的挖填土和夯实工作，执行时不应再计算土方量。如遇有石方、矿渣、积水、障碍物等情况，执行第一册《土石方工程》相应项目。

四、本章不适用于采用爆破法施工敷设接地线、安装接地极，也不包括高土壤电阻率地区采用换土或化学处理的接地装置及接地电阻的测试工作。

五、本章避雷针安装、避雷引下线的安装均已考虑了高空作业的因素。

六、本章避雷针按成品件考虑。

工程量计算规则

一、接地极制作、安装以“根”为单位计算，其长度按设计长度计算，设计无规定时，按每根 2.5m 计算，若设计有管帽时，管帽另按加工件计算。

二、接地母线、避雷线敷设，均按施工图设计水平和垂直图示长度另加 3.9% 的附加长度（包括转弯、上下波动、避绕障碍物、搭接头所占长度）及 2% 的损耗量。

三、接地跨接线以“10 处”为单位计算。凡需做接地跨接线的工作内容，每跨接一次按一处计算。

一、接地极（板）制作、安装

工作内容：下料，尖端加工，刷油漆，焊接并打入地下。　　　　**计量单位：**根（块）

编　号				8-6-1	8-6-2	8-6-3	8-6-4	8-6-5
项　目				钢管接地极		角钢接地极		圆钢接地极
				普通土	坚土	普通土	坚土	普通土
名　称			单位	消　耗　量				
人工	合计工日		工日	0.264	0.286	0.149	0.170	0.166
	其中	普工	工日	0.053	0.057	0.030	0.034	0.033
		一般技工	工日	0.211	0.229	0.119	0.136	0.133
材料	电焊条 L-60 ϕ3.2		kg	0.210	0.290	0.150	0.150	0.160
	钢锯条		条	1.500	1.500	1.000	1.000	0.170
	扁钢 45×4		kg	0.260	0.260	0.260	0.260	0.130
	沥青漆		kg	0.020	0.020	0.020	0.020	0.010
机械	交流弧焊机 21kV·A		台班	0.239	0.239	0.150	0.159	0.133
	电焊条烘干箱 55×45×55（cm^3）		台班	0.024	0.024	0.015	0.016	0.013

二、接地母线敷设

工作内容：挖地沟，接地线平直，下料，测位，打眼，埋卡子，煨弯，敷设，焊接，回填，夯实，刷漆。

计量单位：10m

编　号				8-6-6
项　目				接地母线敷设
名　称			单位	消　耗　量
人工	合计工日		工日	1.732
	其中	普工	工日	0.347
		一般技工	工日	1.386
材料	电焊条 L-60 ϕ3.2		kg	0.200
	镀锌扁钢（综合）		kg	32.000
	钢锯条		条	1.000
	沥青漆		kg	0.010
	其他材料费		%	1.00
机械	电焊条烘干箱 55×45×55（cm^3）		台班	0.004
	交流弧焊机 21kV·A		台班	0.035

三、接地跨接线安装

工作内容：下料，钻孔，煨弯，固定，刷漆。

编号				8-6-7	8-6-8
项目				接地跨接线	构架接地
				10处	处
名称			单位	消耗量	
人工	合计工日		工日	0.631	1.312
	其中	普工	工日	0.126	0.263
		一般技工	工日	0.505	1.050
材料	铅油（厚漆）		kg	0.020	—
	六角螺栓带螺母 M16×60		套	10.200	1.000
	钢锯条		条	1.000	1.000
	并沟线夹 95mm^2		个	4.590	7.280
	清油		kg	0.010	—
	电焊条 L-60 ϕ3.2		kg	0.400	0.130
	镀锌扁钢（综合）		kg	4.590	7.280
	调和漆		kg	—	0.050
	镀锌接地线板 40×5×120		个	—	1.130
机械	交流弧焊机 21kV·A		台班	0.177	0.062
	电焊条烘干箱 55×45×55（cm^3）		台班	0.018	0.006

四、避雷针安装

工作内容: 底座制作,组装,焊接,吊装,找正,固定,补漆。　　**计量单位:** 套

编　号				8-6-9	8-6-10	8-6-11	8-6-12
项　目				独立安装(针高 m)			
				18 以下	24 以下	30 以下	30 以上
名　称			单位	消　耗　量			
人工	合计工日		工日	4.373	4.936	5.436	6.174
	其中	普工	工日	0.875	0.987	1.087	1.235
		一般技工	工日	3.499	3.949	4.349	4.939
材料	镀锌铁丝 ϕ2.5~4.0		kg	2.573	3.602	5.146	6.751
	调和漆		kg	0.500	1.000	1.000	1.000
	钢筋 ϕ25		kg	33.500	33.500	33.500	33.500
	电焊条 L-60 ϕ3.2		kg	1.000	1.250	1.500	2.000
	六角螺栓带螺母 M16×80		套	6.000	6.000	6.000	6.200
	六角螺栓带螺母 M18×95		套	6.000	12.000	18.000	18.600
	钢板底座 300×300×6		kg	6.000	6.000	6.000	6.000
	其他材料费		%	1.50	1.50	1.50	1.50
机械	汽车式起重机 8t		台班	—	0.265	—	0.265
	汽车式起重机 12t		台班	—	—	0.265	—
	交流弧焊机 21kV·A		台班	0.265	0.557	0.646	0.885
	电焊条烘干箱 55×45×55(cm^3)		台班	0.027	0.056	0.065	0.089
	载重汽车 4t		台班	0.179	0.179	0.179	0.179
	普通车床 400×1 000		台班	0.115	0.115	0.115	0.115

注: 避雷针材料费按实际发生计算。

工作内容：底座制作，组装，焊接，吊装，找正，固定，补漆。 **计量单位：**套

编号			8-6-13	8-6-14	8-6-15
项目			木杆上安装	水泥杆上安装	金属杆上安装
名称		单位	消耗量		
人工	合计工日	工日	0.438	0.892	0.307
人工	其中 普工	工日	0.088	0.179	0.061
人工	其中 一般技工	工日	0.350	0.713	0.246
材料	电焊条 L-60 $\phi3.2$	kg	1.300	1.200	0.280
材料	镀锌铁丝 $\phi2.5\sim4.0$	kg	1.338	—	—
材料	铅油（厚漆）	kg	0.020	0.060	0.020
材料	镀锌接地线板 40×5×120	个	0.410	0.410	—
材料	防锈漆	kg	0.020	0.060	0.020
材料	清油	kg	0.010	0.029	0.010
材料	乙炔气	kg	—	0.250	—
材料	氧气	m^3	—	0.650	—
材料	钢筋 $\phi25$	kg	—	8.340	9.630
材料	镀锌扁钢抱箍 −40×4	副	—	2.040	2.040
材料	热轧薄钢板（综合）	kg	—	17.010	—
材料	其他材料费	%	1.50	1.50	1.50
机械	交流弧焊机 21kV·A	台班	0.062	0.274	0.080
机械	电焊条烘干箱 55×45×55（cm^3）	台班	0.006	0.027	0.008

五、避雷引下线敷设

工作内容：平直，下料，测位，打眼，埋卡子，焊接，固定，刷漆。 **计量单位：**10m

编号				8-6-16	8-6-17	8-6-18
项目				高度（m）		
				25 以下	30 以下	30 以上
名称			单位	消耗量		
人工	合计工日		工日	0.642	1.131	1.579
	其中	普工	工日	0.128	0.226	0.316
		一般技工	工日	0.513	0.904	1.263
材料	引下线		m	（10.000）	（10.000）	（10.000）
	铅油（厚漆）		kg	0.070	0.070	0.070
	防锈漆		kg	0.140	0.140	0.140
	镀锌扁钢卡子 25×4		kg	0.520	0.520	0.520
	焊接钢管 *DN*25		m	1.030	1.030	1.030
	润滑油		kg	0.300	0.300	0.300
	电焊条 L-60 ϕ3.2		kg	0.290	0.290	0.290
	其他材料费		%	1.50	1.50	1.50
机械	交流弧焊机 21kV·A		台班	0.177	0.177	0.177
	电焊条烘干箱 55×45×55（cm^3）		台班	0.018	0.018	0.018

主编单位：湖北省建设工程标准定额管理总站

专业主编单位：辽宁省建设事业指导服务中心

专业编制单位：辽宁省建设事业指导服务中心

参编单位：辽宁宝业工程造价咨询有限公司

辽宁意达工程项目管理有限责任公司

艾立特工程管理有限公司

编制人员：杨振凯　孟祥珍　吴宏伟　郑会君　吴家鑫　张殿勇　王伟明　高学玲

孟庆花　王　阳　邵福贵　尤华嘉　高　平　杨秀茹　王正芬　刘　倩

李　义　李姗姗　王兴国　于海志　王洪嫔　徐丽男　李文娜　王胜楠